GUOSHU JIAJIE
XINJISHU

龙超安　编著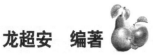

果树嫁接新技术

U0265595

 化学工业出版社

·北京·

果树嫁接是果树栽培中重要的实用技术之一，它对苗木繁育、高接换优、挽救垂危果树等具有重要的意义。

本书共分四章，主要内容涵盖果树嫁接的概述、果树嫁接前准备、果树嫁接方法及果树嫁接后的管理，其中果树嫁接方法涉及到芽接、枝接、高接换种、桥接、二重嫁接和机械嫁接等详细的步骤和内容，并结合一定的图例加以说明描述。

本书适合果苗生产者及相关果树生产技术人员阅读参考。

图书在版编目(CIP)数据

果树嫁接新技术/龙超安编著 . —北京：化学工业出版社，2011.6（2024.2 重印）
ISBN 978-7-122-11212-5

Ⅰ.果… Ⅱ.龙… Ⅲ.果树-嫁接 Ⅳ.S660.4

中国版本图书馆 CIP 数据核字（2011）第 080709 号

责任编辑：邵桂林　张林爽　　　　　装帧设计：张　辉
责任校对：陈　静

出版发行：化学工业出版社（北京市东城区青年湖南街 13 号　邮政编码 100011）
印　　装：北京盛通数码印刷有限公司
850mm×1168mm　1/32　印张 4¾　字数 82 千字
2024 年 2 月北京第 1 版第 17 次印刷

购书咨询：010-64518888
售后服务：010-64518899
网　　址：http://www.cip.com.cn
凡购买本书，如有缺损质量问题，本社销售中心负责调换。

定　　价：25.00 元

前　言

　　果树嫁接是果树栽培中重要的实用技术之一，它对苗木繁育、高接换优、挽救垂危果树等具有重要的意义。培育优质健壮苗木是果树生产的前提，直接关系到果树的生长、发育、结果和果树生产的经济效益。因此，掌握必要的嫁接技术显得尤为重要。

　　嫁接在果树生产上除用以保持品种优良特性外，也用于提早结果、克服有些种类不易繁殖的困难、抗病免疫、预防虫害，此外还可利用砧木的风土适应性扩大栽培区域、提高产量和品质以及使果树矮化或乔化等。用高接法来改换大树原有的劣种、弥补树冠残缺等。利用高接换种还可以解决自花授粉不结实或雌雄异株果树的授粉问题，以及特殊观赏果树品种如垂枝桃、垂枝梅的繁殖造型等。我国幅员辽阔，适合种植各类果树树种，且野生果树资源也非常丰富，可以充分利用这些宝贵的资源来发展生产。但是我国现有的很多果树品种较为复杂，质量参差不齐，品质较差的品种占有相当大的比例，经济利用价值低，给果树的生产带来一定的负面影响。因此为了尽快缓解该局面，在收集国内外科研、生产等资料的基础上，结合作者的科研、生产经验，编写此书，以期在果树的生产方面为广大战斗在第一线的科技工作者和果农们贡献微薄之力。

　　本书共分四章，主要内容涵盖果树嫁接的概述、果树嫁接前准备、果树嫁接方法及果树嫁接后的管理。其中果树嫁接方法涉及到芽接、枝接、高接换种、桥接、二重嫁接和机械嫁接等详细的步骤和内容，并结合一定的图例加以说明描述，以利于在生产实践中进行参照。由于本书阐述果树的嫁接覆盖面较宽，编写时间仓促，加上作者掌握的资料和水平有限，疏漏之处在所难免，敬请各位专家和果苗生产者批评指正。对于本书所参考文献的相关专家和学者，在此一并致谢。

作者

2011 年 5 月于湖北武汉

目 录

第一章
概　述

第一节　果树嫁接的概念

嫁接，植物的人工营养繁殖方法之一。即将植株上的枝条、芽片等组织接到另一株植株上的枝条、干或根等适当部位上，经过愈合后组成新的植株。接上去的枝条或芽片叫做接穗，被接的植物体叫做砧木或台木。接穗一般选用具2～4个芽的苗，嫁接后成为植物体的上部或顶部；砧木嫁接后成为植物体的根系部分。这种繁殖果树的方法就叫做果树嫁接。

第二节　果树嫁接的意义

嫁接既能保持接穗品种的优良性状，又能利用砧木的有利特性，达到早结果、增强抗寒性、抗旱性、抗病虫害的能力，还能经济利用繁殖材料，增加苗木数量。嫁接分枝接和芽接两大类：前者以春秋两季进行为宜，尤以春季成活率较高；后者以夏季进行为宜。嫁接对一些不产生种子的果木（如柿的一些品种）的繁殖意义重大，主要有以下方面。

一、繁殖苗木和接穗

果树采用实生繁殖是不能保持母本的优良性状的，必须要实行无性繁殖。尽管果树的无性繁殖的方法很多，如嫁接、扦插、压条、分株，甚至组织培养等，但嫁接是目前苗木生产中广泛应用的方法，通过嫁接可以迅速培育大量的、性状基本一致的苗木，为果树的生产发展奠定基础。

二、增强植株抗逆境能力

砧木对接穗的生长发育具有十分重要的影响。一般栽培品种自身根系的生理机能较差，对不良条件的抵抗力低，所以，不适合生产上栽培。但通过选择一些具有良好特性的野生种类果树作为砧木，就能够大大改善。由于砧木根系发达，抗逆性强，嫁接苗明显耐逆境。生产上常常利用砧木的乔化、矮化、抗旱、抗寒、耐涝、耐盐碱和抗病虫等特性，增加接穗品种的适应性和抗逆境能力，有利于扩大植物的栽植范围和种植密度等。

三、实现早产和丰产

果树嫁接的接穗都是从成年树体上采取的枝条和芽片，已经具有较强的发育年龄，其嫁接于砧木上，成活后生长发育的阶段大大缩短，实现早产。此外，嫁接还有利于树体地上部分营养物质的积累，因而也能提早开花结果，实现丰产。

四、更新品种

随着生产的发展和人民生活水平的提高，果树新品种不断问世，但很多果园由于在建园初期品种选择和搭配不当，造成果树品种混杂、产量低下、品质差等，因而更新果树新品种是果树生产中面临的一个重要的问题。对于已有果园，由于果树的寿命较长，少则十几年，多则上百年才宜更新，刨根重栽既浪费土地，影响园貌和产量的恢复，品种更新又较慢。因而进行果树的高接换种技术，是提高果品产量和质量的重要手段。

五、挽救垂危果树

生产中，果树的枝干、根颈等部位极易受到病虫危害，导致果树的地上部与地下部营养疏通受阻，此时果树生长衰弱，甚至造成果树死亡，这时可以采用各种桥接等嫁接方法，将果树重新连接，挽救果树，从而增强树势。

六、改善授粉条件

绝大多数果树品种需要不同品种间进行授粉才能正常结实。但在实际生产中，许多果园由于品种单一栽植、授粉品种不当或授粉树数量太少，以致授粉受精不良，造成花而不实的现象。通过高接部分授粉品种，可以有效地改善果园的授粉条件，从而为丰产、优质和降低栽培成本奠定基础。

七、嫁接育种

嫁接育种是通过两个具有不同遗传性果树的营养体部分进行嫁接，使愈合在一起的砧木和接穗能相互影响，在嫁接的当代或后代产生既具有接穗性状又具有砧木性状的遗传性，或使一方发生遗传上的变异，进而培育出合乎人们需要的新品种。

第三节　果树嫁接的愈合及成活原理

植物的任何营养器官，甚至细胞的一部分，都有恢复、再生、发育成为一个完整的植物有机体的能力，这种现象称为植物的"再生作用"。这是因为植物任何一个营养器官的细胞内，都携带着完整的控制母体生长发育的遗传基因，由此基因指导的形态建成过程，也必然会保持母本的特性。所以，嫁接是利用植物"再生能力"来进行的。嫁接时，使两个伤面的形成层靠近并扎紧在一起，结果因细胞增生，彼此愈合成为维管组织连接在一起的一个整体。即砧木和接穗受伤后形成层产生愈伤组织，双方愈伤组织愈合成为一体，并分化产生疏导组织，使得双方的水分、养分等营养物质相互交流，这样，产生了新的个体。

一、形成层和愈伤组织

形成层是介于木质部和韧皮部之间的一层很软的薄壁细胞层。它具有非常强大的生命力，在果树的生长过程中，向内不断形成新的木质部细胞，向外不断形成新的韧皮部细胞。形成层是果树植物一生中最活跃的部分，果树的枝干每年都要不断地加粗更新就是由于形成层活动的结果（图1-1）。

愈伤组织（callus）原指植物体的局部受到创伤刺激后，在伤口表面新生的组织。其原因是由于受创伤的刺激后，伤面附近的生活组织恢复了分裂机能，加速增生而将伤面愈合。在植物组织培养中，愈伤组织是指植物细胞在组织培养过程中形成的无一定结构的组织团块，在适宜的条件下，愈伤组织可再分化，形成芽、根，再生成植株。它由活的薄壁细胞组成，可起源于植物体任何器官内各种组织的活细胞。

在植物体的创伤部分，愈伤组织可帮助伤口愈合。在嫁接中，可促使砧木与接穗愈合，并由新生的维管组织使砧木和接穗沟通；在扦插中，从伤口愈伤组织可分化出不定根或不定芽，进而形成完整植株。砧木和接穗的愈伤组织主要是由形成层细胞形成，也可由其他薄壁细胞重新恢

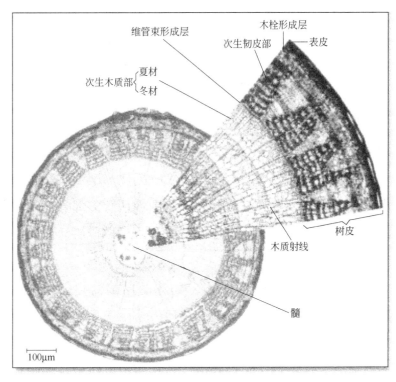

图 1-1　植物的形成层

复分裂能力形成。

二、愈合及成活

　　果树生长的部位主要有三个：一是根尖，使根伸长，向地下生长；二是茎尖，使枝条伸长，向空中生长；三是形成层。

　　嫁接时期在果树的生长季节，接穗和砧木形成层细胞仍然不断地分裂，而且在伤口处能产生创伤激素，刺激形成层细胞加速分裂，形成一团疏松的白色物质。利用显微镜可以看出，这是一团没有分化的球形薄壁细胞团，由于它对伤口起愈合作用，故又叫愈伤组织。嫁接时，砧木接口存在整个形成层，在接芽插入不久，切割部分的细胞先形成一层坏死层。随后，砧木接口处开始产生愈伤组织（薄壁细胞），并冲破坏死层，同时接芽也产生一些愈伤组织薄壁细胞冲破坏死层。当愈伤组织进一步增生，就把接芽固定。在整个愈合过程中，愈伤组织几乎全部是从砧木组织产生，而接芽产生极少。愈伤组织的增加持续一段时间后，砧木和接芽之间的空隙部分全被充满。随后，砧木和接芽之间的形成层连接起来，愈伤组织开始木质化并分化成各种管状组织，此时接芽成活。

观察嫁接伤口的变化，可以看到开始 2～3 天，由于切削表面的细胞被破坏或死亡，因而形成一层薄薄的浅褐色隔膜。嫁接后 4～5 天褐色层才逐渐消失，7 天后就能产生少量的愈伤组织，10 天后接穗愈伤组织可达到最高数量。但是，如果砧木没有产生愈伤组织相接应，那么接穗所产生的愈伤组织就会因养分耗尽而逐步萎缩死亡。砧木愈伤组织在嫁接 10 天后生长加快。由于根系能不断地供应养分，因此它的愈伤组织的数量要比接穗多得多（图1-2）。

嫁接时，双方接触处总会有空隙，但是愈伤组织可以把空隙填满。当砧木愈伤组织和接穗愈伤组织连接后，由

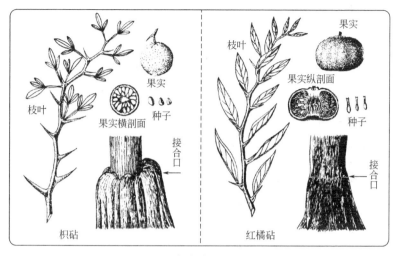

图1-2 砧穗接口生长状况

于细胞之间有胞间连丝联系，使水分和营养物质可以相互沟通。此后，双方进一步分化出新的形成层，使砧木和接穗之间运输水和营养物质的导管和筛管组织互相连接起来。这样，砧木的根系和接穗的枝芽，便形成了新的整体（图1-3）。

从植物分类学上讲，亲缘关系越近的植物嫁接越易成活，这是由于植物组织结构的不同造成的。从以上原理看来，无论采用什么方法嫁接，都必须使砧木和接穗形成层互相接触。双方的接触面越大，则接触越紧密，一般地说嫁接的成活率就越高。但是，更重要的是要使双方愈伤组织能大量地形成。因此，嫁接成活的关键是砧木和接穗能否长出足够的愈伤组织，并紧密结合。

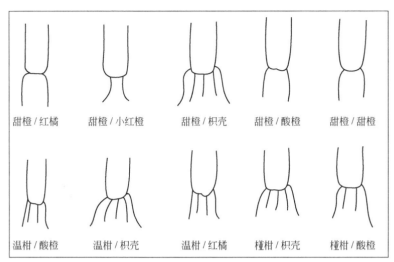

甜橙/红橘　　甜橙/小红橙　　甜橙/枳壳　　甜橙/酸橙　　甜橙/甜橙

温柑/酸橙　　温柑/枳壳　　温柑/红橘　　槿柑/枳壳　　槿柑/酸橙

(a) 柑橘类砧木和接穗结合的模拟图

(b) 柑橘嫁接后树体生长状况

图 1-3　砧穗接口生长状况

三、嫁接极性

果树的砧木和接穗由于嫁接时候的方向或切削方法等不同而使其本身形成愈伤组织特性有所差异的现象就叫果树嫁接的极性。

1. 垂直极性

砧木和接穗都有形态上的顶端和基端。愈伤组织最初都发生在基端部分，这种特性叫垂直极性。在嫁接时，接芽的形态学基端应该嫁接在砧木的形态学顶端部分，而在根接时，接穗的基端要插入根砧的基端。这种极性关系对砧木和接芽的愈合成活是必要的。若是桥接将接穗接倒了，接芽和砧木也能够愈合并存活，但是接穗不加粗；而芽接将接穗接倒了，接芽也能成活，开始时接芽向下生长，然后新梢长到一定程度后弯过来向上生长，这样从形成层分化出来的导管和筛管呈现扭曲状态。

2. 横向极性

对于一些枝条断面不一致的果树，其愈伤组织在横断面上发生的顺序也是先后有别的，这种特性叫横向极性。比如葡萄的枝条有四个面，即背面、腹面、沟面和平面。愈伤组织形成最快的是茎的腹面，因其腹面组织发达，含营养物质较多。

3. 斜面先端极性

若是将果实的枝条断面削成一个斜面，则在斜面的先端先形成愈伤组织，这种特性叫斜面的先端极性。

第四节 影响果树嫁接成活的因素

影响嫁接成活的主要因素有接穗和砧木的亲和力、温度、湿度、光照、砧木和接穗的质量、嫁接的技术和伤流、单宁等物质的影响等。要想提高果树嫁接的成活率，必须注意以下几个关键因素（图 1-4）。

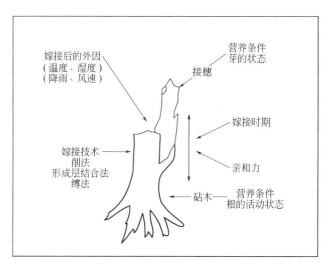

图 1-4　影响嫁接成活率的因素

一、嫁接亲和力

砧木和接穗的亲和力是决定嫁接成活的主要因素。所谓亲和力，就是接穗和砧木在内部组织结构上、生理和遗传上彼此相同或相近，通常嫁接能正常愈合生产的能力。亲和力高，嫁接成活率高；反之，则成活率低。例如苹果接于沙果，梨接于杜梨、秋子梨，柿接于黑枣，核桃接于核桃楸等，亲和力都很好。亲和力的强弱与植物亲缘关系的远近有关系。一般规律是亲缘越近，亲和力越强。同品种或同种间的嫁接亲和力最强，最容易成活。同属异种间的嫁接亲和力因果树种类而异。同科异属间的亲和力一般比较小。但柑橘类果树不但同属异种间的亲和力强，而且同科异属间的亲和力也较强。因此，以枳为砧、以芦柑为接穗，其嫁接成活率仍然很高。砧木和接穗不亲和或亲和力低主要有以下表现。①伤口愈合不良：嫁接后不能愈合或愈合能力差，成活率低；有的虽能愈合，但接芽不萌发；愈合的牢固性差，生长后期易断裂。②生长结果不正常：嫁接后叶片黄化，叶片小而簇生，生长势弱，甚至枯死；有的早期大量形成花芽，果实发育不正常。③"大、小脚"现象：砧木与接穗接口上下生长不协调，有的"大脚"，有的"小脚"，有的呈"环缢"状。④后期不亲和：前期生长良好，而后期出现严重不亲和现象。不同的品种间、不同的砧穗组合都有不同的亲和力表现，在繁育梨苗时要特别注意，如把早生黄金梨嫁接在杜梨上，其成活率还不到70%。

1. 亲和力与亲缘关系

植物在发展进化过程中，形成了亲缘的远近关系。近缘植物在形状上是比较相似的，而远缘的就差别很大。比如苹果和山定子、海棠是近缘，橙类和橘类是近缘；而苹果和橙类就是远缘了。人们根据植物亲缘关系的远近把植物分成不同的种、属、科等，不同属、科之间的植物在生物、生理生化等方面有不同的差异。因此，近缘植物的接穗和砧木嫁接时，彼此供应的营养成分适合双方的需求，嫁接容易成活；反之，远缘植物的接穗和砧木差别很大，嫁接一般难以成活。所以嫁接时接穗和砧木的配置要选择近缘植物，一般种内嫁接易成活，属间较难。

2. 嫁接亲和力的表现

果树嫁接亲和力表现有各种形式，一般可以归纳为以下几种。

（1）嫁接亲和性　嫁接亲和性是指砧木和接穗在嫁接后能正常愈合、生长和开花结果的能力。嫁接亲和与否，受砧木、接穗的遗传特性、生理机能、生化反应及内部组织结构等的相似性和相互适应能力的影响，也与气候条件和病毒侵染有关。嫁接亲和力的大小直接影响嫁接成活、嫁接体的长势、抗性和寿命以及产量和品质等。

（2）嫁接不亲和性　是指嫁接后因砧穗组合不适当等原因，表现成活不良或成活后生长发育不正常及出现生理病态等的现象。如愈合不良，接芽不萌发；枝叶簇生，早落叶，过早大量形成花芽，结果畸形及患生理病害，输导系统连接不良；砧、穗一方异常生长和增殖；接合部木栓化死细胞积聚和淀粉分布失常、组织脆弱易断、推迟型不亲和等。其原因有：砧与穗遗传上不亲和；砧穗养分、水分输导不协调以及对营养物质的需求和吸收的差异；砧穗双方在生理上不相适应；代谢过程中产生酚类、树脂、单宁等有毒物质，阻碍了亲和性的出现；病毒的感染等。

（3）后期不亲和性　这是指嫁接后当时可以成活，但是接穗和砧木的新陈代谢不统一，或疏导组织不畅通，致使经过几年至几十年后，接穗逐渐生长不良或枯死。比如，桃嫁接在山杏砧木上，其接口处外表愈合良好，但接口内有空腔，导管未能相互通畅，导致接口处膨大，苗木在接口处易折断，实际上这是一种假愈合现象。后期不亲和现象，多发生在同科不同属或同属不同种之间的嫁接。其表现也是多种多样：有的当时成活率就很低，有的当时成活率很好，而后期生长衰弱或逐渐死亡，还有的在几十年后才表现出来。

二、温度

气温和土壤温度与砧木、接穗的分生组织活动程度密切相关。一般温度在15℃左右时，愈伤组织生长缓慢；在15～20℃时，愈伤组织生长加快；在20～30℃时，愈伤组织生长较快。其中梨苗嫁接后，在25℃时愈伤组织生长最快；苹果形成愈伤组织的适温为22℃左右；核桃为 22～27℃；葡萄为 24～27℃。因此，在春季芽接时，尽量将接穗嫁接在苗木的向阳处，以提高接口处的温度；而夏季芽接时，应尽量把接穗接在苗木的背阴处，以降低接口处的温度。春季枝接时也应将大的削面朝向阳面，以提高接口处的温度。

三、湿度

由于愈合组织是薄壁柔嫩细胞所组成，空气湿度对愈合组织的形成有较大的影响。在愈合组织表面保持饱和湿度，对愈合组织的大量形成有促进作用。用塑料薄膜包扎绑缚可以达到保湿的目的，但如果接口包扎不紧，保持湿度不够，或过早除去薄膜，都会影响成活率。接口处保持一定的湿度（相对湿度在 95% 以上，但不能积水），有利于愈伤组织的产生。因此，必须使接口处于湿润的环境条件下，嫁接后接口必须密闭不能透气，以防止水分蒸发。检验指标：嫁接后第二天，绑缚的薄膜内没有水珠，说明绑缚不严，需要重新嫁接。

湿度影响嫁接成活主要有两个方面：一是愈伤组织本身生长需要一定的湿度；二是接穗只有在一定的湿度下才能保持其生活力。因此，嫁接前后要灌水，使砧木处于良好的水分环境中（图 1-5、图 1-6）；另外，采取蘸蜡密封、缠塑料薄膜等措施保证接穗不失水；接口应绑严实以保持接口湿度，解绑时间不宜过早。

图 1-5　土壤水分采集器

四、光照

嫁接后，愈伤组织在较暗的条件下生长速度较快。因此，在夏季嫁接时，尽量将接穗接在苗木的背阴处（图 1-7）。

五、砧木、接穗质量

由于形成愈合组织需要一定的养分，因此，嫁接成活率与砧木和接穗的营养状况有关。如果砧木生长旺盛、接穗粗壮充实、接芽饱满、砧穗光合产物积累多（特别是碳水化合物）的，嫁接成活率高。而砧木管理水平差的、肥

图 1-6 湿度计

水不足、病虫害严重或接穗纤弱的，则嫁接成活率低，即使成活，苗木生长不良。另外，由于接穗（枝梢）存在异质性，一根接穗不同枝段的芽的饱满程度和营养积累情况也不一样，一般接穗中上部的芽体较饱满充实，嫁接成活率高。接穗的新鲜度也影响成活率，接穗愈新鲜，嫁接成活率愈高。

对于砧穗质量，砧木与接穗发育充实、贮藏营养物质

图 1-7　太阳光谱

多时，嫁接后容易成活。因此，应选择组织充实健壮、芽体饱满的枝条作接穗。夏季嫁接，砧木半木质化、接穗木质化，成活率最高；砧木半木质化、接穗半木质化，成活率也高；而砧木木质化、接穗木质化，成活率就较低；若砧木木质化、接穗半木质化，成活率更低。春季嫁接，砧木木质化、接穗木质化成活率高。

六、嫁接技术

嫁接技术是影响成活的重要因素，要求"大、平、准、快、紧"。即接穗和砧木的形成层接触面要大，砧木和接穗削面要平，砧木和接穗双方的形成层要对准，嫁接操作要快，绑缚要紧。切削面不平或粗糙、削面过深或过浅，都影响愈合组织的产生和形成。即使稍有愈合，发芽也晚，生长衰弱，接芽易从接合部脱裂。

1. 大

嫁接时必须尽量扩大砧木和接穗之间形成层的接触面，接触面越大，结合就越紧密，成活率就越高。因此，嫁接时接穗削面要适当长些，接芽削取要适当大些，这些都有利于成活。

2. 平

接口切削的平滑程度与接穗砧木愈合的快慢关系紧密。若是削面不平滑，隔膜形成较厚，不易愈合。即使稍有愈合，发芽也很晚，生长衰弱。所以要求嫁接工具锋利，嫁接技术娴熟。

3. 准

嫁接愈合主要是靠砧木和接穗双方形成层相互连接，所以两者距离越近，愈合越容易。因此，在嫁接时一定要使两者的形成层对准。否则，形成层错位会导致愈合缓慢，愈合不牢固或无法愈合。

4. 快

嫁接操作速度要快。无论是什么样的嫁接，削面暴露在空气中的时间越长，削面就越容易氧化变色，影响分生组织的分化，因此其成活率也就越低。尤其是柿、核桃、板栗的枝条和芽体中含有较多的单宁物质，在空气中氧化很快，极易变黑，影响其嫁接成活率。

5. 紧

嫁接完后要将接口缠严绑紧。一方面使砧木和接穗形成层紧密连接，防止由于人为碰撞等造成错位；另一方面使接口保湿，有利于愈伤组织的形成。当前生产上常用的塑料条绑缚效果较好。

七、伤流、单宁、树胶等物质的影响

1. 伤流

有些根压大的果树春季根系开始活动后地上部有伤口的地方容易产生伤流，直到展叶后才停止。如核桃树根压强大，落叶起至早春展叶前，枝干若受损，伤口会发生"伤流"。若接口处有伤流液，就会阻碍砧木和接穗双方的物质交换，抑制接口处细胞的生理活性，降低嫁接成活率。因此，应避免在伤流期嫁接，或采取措施减少伤流。

2. 单宁

有些树种，如柿、核桃树体的枝和芽内的单宁含量都很高，在空气中易氧化形成黑褐色的隔离层，影响嫁接成活。

3. 树胶

有些树种，如桃、杏嫁接时，往往因伤口流胶而使得切口面细胞无氧呼吸，妨碍了愈伤组织的产生而降低了嫁接成活率。

第五节　果树嫁接的时期

果树嫁接原则上一年四季均可进行嫁接，但是在生产上主要是春、夏和秋三季为主。果树嫁接有早春嫁接、夏季嫁接和秋季嫁接。早春嫁接在果树萌芽前进行，夏接在接穗芽熟化后进行，秋接在夏末秋初进行。改良果树品种的嫁接，除葡萄等需用嫩枝嫁接的果树必须选择在夏季嫁接外，一般果树都可选择在早春嫁接；芽具有早熟性的果树，即一年中有多次发枝特性的果树可选用秋季嫁接，但要注意幼枝的越冬防寒。一般果树选择早春嫁接改良，更有利于幼枝生长和树冠的形成。

一、春季

果树的春季嫁接一般在 3～4 月份砧木开始活动离皮而接穗未萌发时进行。主要的方法为枝接和带木质部芽接。春季嫁接因砧木、接穗内营养物质含量较高，温度、湿度比较适宜而成活率高，在高接换种、育苗和桥接等方面应用广泛。现将主要操作技术介绍如下。

先选取接穗枝条芽子饱满的部分约 7～10cm 长，然后将下部用锋利的刀削成楔状，削好的接穗上要保留 2 个饱芽，再将与接穗直径大致相等的砧木在离地面 50cm 处剪断，用刀从砧木横切口沿直径线将砧木劈开约 3～5cm（注意防止将砧木皮损伤），将削好的接穗插入劈口，一定要使接穗一面的皮与砧木一面的皮对齐，使形成层相连，然后用细绳将劈口扎紧，夹紧接穗，再在劈口上敷上湿土，用小塑料袋将接穗套上，连同劈口包严扎紧。

技术要领：

（1）嫁接必须在砧木离地面 50cm 以上，防止定植后浇水淹没接茬，使接茬腐烂。

（2）形成层一定要互相吻合，使嫁接得到砧木传送来的养分。

（3）插接穗时不要将接穗楔状部分插完，应在砧木横截面以上留 1～2mm 的接穗斜削面。如果进行高枝换头或砧木直径超过 1.5cm，就用腹接法。即先将接穗用刀斜削去一面，将另一面用刀轻轻刮去粗皮，再在砧木离地面 50cm 处横截，将已削斜的接穗从砧木皮层与木质层中间插入。如砧木皮被裂开，用细绳扎紧，套上塑料袋。

二、夏季

果树夏季嫁接是在树木抽梢以后进行，嫁接成活后，当年萌发、抽梢，并能安全越冬。夏季嫁接的目的是：错开嫁接旺季，合理调配劳力；培育"三当苗"；春季嫁接后进行补接；提高某些品种的嫁接成活率等。多数果树都可进行夏季嫁接。夏季嫁接对砧木或砧树（高接树）削弱树势较重，嫁接植株生长发育较差，没有特殊需要，还是应以春、秋季嫁接为主。

1. 嫁接时期

在砧木和采穗母树的新梢达到一定的长度或高度时进行，在自然条件下，春季生长早的桃、杏、李子等可在5月上、中旬进行。一般多在6～7月份进行。

2. 嫁接方法

绿枝嫁接是最常用的一类嫁接方法，适合多种果树嫁接。常用接法也很多，如劈接、靠接、切接、舌接、"T"形芽接、方块芽接、嵌芽接、带木质部芽接等。

（1）劈接法　砧木和接穗都采用半木质化的新梢（切断新梢，断面多呈浅绿色，中间稍显白色），成熟度要基本一致，才容易成活。嫁接刀多用剃须单面刀片。采下接穗，留叶柄0.5cm左右摘去叶，如果是葡萄接穗，要摘去副梢，最好随采随用，临时不用，把接穗下部插在清水中或用多层湿布包裹，放在阴凉处保湿备用（以下嫁接用绿枝接穗都用此法处理和贮藏）。单个接穗一般1～2节，芽上留1.5cm左右，芽下留3～4cm。削接穗同常规劈接法。砧木在新梢半木化处剪断（剪口下一般留3～6叶），开砧木嫁接口和砧穗结合同常规劈接法。绑缚时把嫁接口和接穗（露芽和叶柄）绑严。葡萄和猕猴桃等大叶树种，再用砧木嫁接口下部的1～2片叶，包严嫁接口和接穗

（遮阴、保湿）；小叶树种套上塑料袋，外部再罩上 1～2 层报纸筒，扎紧下口和报纸筒上口；10～15 天后解开包叶或去除塑料袋和报纸筒。

（2）"T"形芽接法　此法是夏季常用的芽接法，适用于苹果、梨、桃、杏等树种。接穗采下后的处理同劈接法。砧木的嫁接部位多在新梢基部 3～6 片叶的上部节间，接后用地膜包严包紧。使用接穗长度要达 4～5cm，以便于愈合。接穗削面要光滑，并使形成层对齐，接口要绑紧。

（3）绿枝嫁接　选择半木质化嫩梢，剪成单芽段，剪除 3/4 或全部叶片，保留叶柄。选用 1～2 年生扦插苗作砧木，在 5 月下旬～7 月上旬，采用劈接法将接芽削成楔形，并在砧木的节间垂直劈一切口，将接芽插入，然后用塑料薄膜绑紧即可，但需露出叶柄。嫁接后，立即抠除接口叶腋下的砧木副梢。

3. 压条育苗

（1）水平压条

① 新梢压条　用来进行压条繁殖的新梢长至 1m 左右时，进行摘心并水平引缚，以促使萌发副梢。副梢长至 20cm 时，将新梢平压于 15～20cm 的沟中，填土 10cm 左右，待新梢半木质化、高度 50～60cm 时，再将沟填平。

② 1～2 年生枝压条　春季萌芽前，将植株基部预留

作压条的 1 年生枝条平放或平缚，待其上萌发新梢长度达到 15～20cm 时，再将母枝平压于沟中，露出新梢。压条后，先浅覆土，待新梢半木质化后逐渐培土，以利于增加不定根数量。

③ 多年生蔓压条　先开挖 20～25cm 的深沟，将老蔓平压沟中，其上 1～2 年生枝蔓露出沟面，再培土越冬。在老蔓生根过程中，切断老蔓 2～3 次，促进发生新根。

（2）波状压条　与 1～2 年生枝压条相似，不同的是将压条在沟内上下弯曲呈波状，在向下弯曲处用木杈或铁钩固定压入沟底踩实，以利生根。向上弯曲处有饱满的芽，萌发出新梢成苗。但在压条前要采用刻伤处理，以促进生根。

（3）空中压条　在春末萌芽前，将 1～2 年生枝在基部用塑料袋装土套枝，也可用粗竹筒、小花盆等，里边装好营养土，将枝套入、固定、浇水即可生根。一般在 7～8 月份后于花盆的下部，对套枝基部逐渐割断，脱离母体，成为独立的植株。空中压条也可用半木质化的新梢，方法与成熟枝压条相似。

三、秋季

一般在 8～9 月份砧木和接穗容易离皮时进行。此时砧木和接穗营养物质含量均较高，温度、湿度比较适宜因而成活率高，一般成活率在 90% 以上，在果树育苗中应用广泛。秋季嫁接主要方法为芽接。主要操作技术如下所述。

1. 适时

芽接过早，接芽发育尚未充实，砧木又处于旺长阶段，体内积累养分较少，芽接成活率低，且接芽当年萌发后易发生冻害；芽接过晚，不易离皮，接后愈合困难，成活率低。

2. 选接芽

取枝条中段充实饱满的芽作接芽。削取芽片时应注意保护芽垫或带少量木质部。接芽一般削成盾形或环块形，盾形接芽长 1.5～2cm；环块形接芽大小视砧木及接芽枝粗细灵活掌握。

3. 方法

嫁接时，先处理砧木，后削接芽，采用"T"字形芽接。先在砧木离地面 3～5cm 处切"T"形口，深度以见木质部、能剥开砧木树皮为适宜；再用刀尖小心剥开砧木树皮，将盾形带叶柄的接芽快速嵌入。接后培土 10cm高。10～15 天后刨开土，检查成活情况。如芽片新鲜呈浅绿色，叶柄一触即落，说明已经成活，否则没有成活，应在砧木背后重接。

接后管理芽接的苗木，翌年入春后在接芽点以上

18～20cm 处截干，解开绑扎物。夏季进行 3～4 次修剪，剪去砧木发出的枝条。接芽新枝长到 8～10cm 时，在靠近基部处将其缚在活桩上；长到 20～25cm 时，再在上端缚一次。直至接枝木质化，切去活桩，可继续留在大田培育大苗。

第二章
果树嫁接前准备

第一节　砧　　木

一、砧木的概念

砧木（rootstock），嫁接繁殖时承受接穗的植株。砧木可以是整株果树，也可以是树体的根段或枝段，起固着、支撑接穗并与接穗愈合后形成植株，生长、结果。砧木是果树嫁接苗的基础，砧木的优劣对嫁接成活以及果树的生长发育结实的影响极大。因而，果树在嫁接前先要选择合适的砧木种类，然后再根据各种树种的特点因地制宜地培育嫁接所需要的砧木。

二、砧木的选择

砧木是果树嫁接的基础，砧木与接穗的亲和力、质量等对嫁接成活、果树的生长结果等均有重要的影响。因此，应该慎重选择砧木，并培育健壮砧木。嫁接用的砧木，要选择生育健壮、根系发达、适应当地环境条件、具有一定抗性（如抗寒、抗旱、抗盐碱、抗病虫能力强）以及与接穗具有较强亲和力的针、阔叶树种苗木作砧木。砧木可以使嫁接树的树体长得高大，也可以使树体长得矮小，同一品种嫁接在不同砧木上，树高和树冠体积会相差数倍；并且对枝条萌发的数量和组成比例、生长物候期以及树体姿态都有明显影响。砧木对果树的开始结果时期、坐果率、产量、果实成熟期、色泽、品质以及贮藏能力等都有一定影响。砧木对嫁接树的寿命有很大影响，如石楠作枇杷的砧木，寿命长达 80 年以上，而共砧仅 40～50 年。

果树栽培中利用的砧木有两类：一类是实生繁殖的砧木；另一类是无性繁殖的自根苗或称无性系砧木。根据利用方式不同，把连同根系用做砧木的，称基砧；只用一段条嵌在基砧与接穗之间的，称中间砧；能够使接穗长成 5m 左右高大树冠的，称乔化砧；使树冠长得比乔化砧树冠小 1/3 的，称半矮化砧；使树冠长得仅为乔化砧树冠 1/2 的，称矮化砧；对不良环境条件或某些病虫害具有良好适应能力或抵抗能力的，称抗性砧木。

（一）优良的砧木选择应注意的条件

（1）与接穗有良好的亲和力。

（2）对接穗的生长、结果有良好的影响，如生长健壮、丰产、品质好、寿命长。

（3）对栽培地区的气候、土壤环境条件适应能力强，如抗旱、抗寒、抗涝、抗盐碱等。

（4）对病虫害的抵抗力强。

（5）易于大量繁殖。

（6）具有特殊需要的特性，如矮化、乔化等。

（二）砧木与接穗的相互影响

由于砧木与接穗间生理功能的不同，砧木根系吸收土壤水分和养料，供给接穗利用，接穗枝叶制造同化代谢产物运送给砧木根部，就产生了吸收、营养、同化异化供求上的差异矛盾，造成砧木与接穗间的相互影响。这种影响主要有下列几个方面。

1. 加强和削弱营养生长

甜橙、酸橘砧木嫁接温州蜜柑，能加强树冠枝叶的生长，促使树体生长高大，这种砧木称为乔化砧。枳或宜昌橙嫁接温州蜜柑或甜橙，使树冠矮化或极矮化，这种砧木称为矮化砧。

2. 提早或延迟开花结果

枳砧嫁接温州蜜柑 3 年开花结果；枳柚嫁接脐橙、夏橙也有 2～3 年开花结果；而有甜橙嫁接温州蜜柑 5～6 年才开花结果，十多年还不能丰产。

3. 影响果实的产量、品质

枳砧的温州蜜柑或甜橙比甜橙、酸橙砧的温州蜜柑或甜橙果大，色泽鲜艳，成熟期早，果实含糖量高，含酸量

低。柚砧嫁接的皮厚，糖酸含量都很低。南丰蜜橘砧嫁接
的皮很薄，味很甜。

4. 影响柑橘树的栽培适应性

柑橘砧木的耐寒性常常影响接穗品种，主要是促进秋
梢提早"自剪"，进入休眠期早，提高它的抗寒性。枳砧
温州蜜柑耐旱、耐寒、耐瘠，但不耐盐碱。枸头橙砧的温
州蜜柑、本地早则耐盐碱、耐涝。

5. 影响柑橘树的抗病性

温州蜜柑嫁接在酸橘上，溃疡病的发病株数比嫁接在
枳砧上的多两倍。枳砧可以抗溃疡病、流胶病和线虫病。

（三）中间砧对砧木和接穗的影响

利用某些矮化砧（或某些品种）的茎段在乔化砧（或
矮化砧）上嫁接后再于其上嫁接所需要的栽培品种，则中
间那段砧木称为中间砧。如枳砧上嫁接尾张温州蜜柑，其
上再接龟井温州蜜柑或脐橙，一般表现丰产。一般中间砧
的效果与中间砧的长度有关。

几种主要果树嫁接砧木如下所述。

1. 柑橘的主要砧木

柑橘产区都有相适应的砧木。嫁接柑橘类常用砧木
有：枳（图 2-1）、红橘、枳橙、香橙、酸柠檬、枸头橙、
酸橘、宜昌橙、酸柚等。

（1）枳　主产于湖北、安徽、福建等地。枳耐－20℃

图 2-1　枳壳砧木

低温，它是中国目前应用最多、最广的柑橘砧木，主要作
温州蜜柑、椪柑、红橘、南丰橘、金柑等砧木。对多数柑
橘品种具有亲和力强、成活率高、早结丰产、适应性强、
抗寒、抗旱、抗脚腐病、耐疮等优点，唯对裂皮病和碎叶
病敏感。枳茎皮厚，易嫁接，种子出苗生长快，较耐湿，
喜微酸性土，不耐盐碱，海涂苗木易黄化。枳用做柑橘砧
木多数矮化明显，但要注意有时是由裂皮病类病毒所引
起。枳是温州蜜柑、椪柑、金柑、瓯柑、日本甜橙、华
脐、朱红等常规半矮化砧；枳砧梁平柚、五步柚、晚白柚
等，表现亲和性好，矮化，生长正常，早结丰产；但它对
本地早、柳橙、蕉柑、莱姆、汤姆森脐橙、麻豆文旦、八

朔蜜柑、尤力克柠檬、马叙无核葡萄柚、邓肯葡萄柚等则不亲和。

枳的缺点是树龄较短，抗盐碱能力弱，不耐石灰质碱性土，表现叶黄化、易出现缺锌现象，在水中含盐量高的季节吸收氯化物太快，可能引起严重落叶。由于枳实落叶性，冬季对树冠的输水少有卷叶现象。

（2）红橘　主产于四川、福建。树冠较直立，抗旱，抗瘠，抗脚腐病，根系发达，须根多，是橙、柑、橘、柠檬较好的砧木。接后产量高、果大、皮薄、果色橙红、品质优，但进入结果期稍晚。

福建用红橘作椪柑砧，树冠大，产量高，果大，皮薄，光滑，味甜，汁多，渣少，品质优良，寿命长，抗旱，抗寒，适于山地栽培。四川安岳用红橘接尤力克柠檬，可防裂皮病和早衰，碱性土表现好，加工芳香油油质好，出油率高。距地 30～40cm 嫁接可防流胶病。接椪柑，长势强品质好，前期产量偏低；接甜橙，苗木生长快，结果年龄迟，品质稍差。广东潮汕作水田蕉柑砧木，结果迟，低产。

（3）枳橙　是枳与甜橙的自然杂交种，半落叶性小乔木。接后根系发达，生长旺，耐寒，耐瘠，抗旱，幼苗生长速，抗脚腐病，对溃疡病、树脂病具抵抗力。可作甜橙、温州蜜柑、本地早、椪柑、葡萄柚的砧木。接温州蜜柑、甜橙，稍矮化，早结，丰产，成熟期略早。在浙江黄岩，接本地早不亲和。

枳橙保留了枳的很多优点，并且缓和了它的缺陷。特洛亚枳橙、卡里佐枳橙在美国、澳大利亚生产上应用。

（4）香橙　分布于长江流域，主产于江苏、安徽、四川。根系深，细根少，树势强健，寿命长，耐旱，耐瘠耐湿性差，抗天牛、脚腐病、速衰病，苗期易患立枯病。属乔化砧。嫁接后树冠高大，产量高，果形大，成熟期稍晚，盛果期迟，初果期稍低产。作甜橙、温州蜜柑、柠檬的砧木，树势健壮，丰产，稳产，唯品质不及枳砧。作脐橙砧，生长旺盛，较抗裂皮病。

（5）酸柠檬　又称檬檬、柠檬、楠檬。原产于华南，是广东常用砧木。根系发达，侧根分布广，吸肥力强，苗期生长快，进入结果期最早，单株产量高。耐湿，抗速衰病和抗盐碱，适潮湿沙壤，但不耐寒，不抗流胶和疮痂病，寿命较短，是甜橙、椪柑、金柑等的较好砧木。

（6）枸头橙　主产于浙江，属酸橙，树势强健，树冠乔化，根系发达，抗旱，耐盐、耐湿，对黏土及湿度较高的土壤也能适应，大小年不显著，果实品质风味好。较耐寒、抗脚腐病，不抗衰退病，寿命长。可作橙、橘类、温州蜜柑、柠檬、葡萄柚的砧木，尤其耐盐碱是海涂柑橘的良好砧木，唯结果迟、风味差。

（7）酸橘　主产于广东，主根深，根系发达，耐旱，耐湿，对土壤适应性强。是甜橙、蕉柑、椪柑等的良好砧木。接后生长壮，树高大，分枝角度大，寿命长，产量稳定，大小年现象不显著，果实品质优良。苗木初期生长较慢，以后生长迅速，较直立，抗风力较强。接温州蜜柑易得青枯病，常大片死亡。对流胶病、天牛抗性差。

（8）宜昌橙　主根深，须根不发达，树势强健，适应性强，耐寒，耐瘠，耐阴，耐旱。抗天牛及根腐病。作先锋橙的砧木，10年后基本不扩大树冠，甚矮化，枝稀，结果密度大，品质优。可高度密植。作柠檬砧，枝叶多，根多，早结果，品质好。

（9）酒饼簕　是柑橘近缘植物蠓壳刺属的一个种，分布于广东至马来半岛、菲律宾一带。抗溃疡病、线虫，耐盐，易扦插繁殖。海南省接甜橙成活高，栽植后17个月全部开花结果，是早结矮化砧木。

2. 苹果的主要砧木

苹果砧木的选择要因果园栽培管理制度、苹果品种类型、生长势和环境条件等而定。嫁接苹果常用的砧木有：山荆子、楸子、花红、河南海棠、湖北海棠、海棠花等。苹果矮化砧木有M系、MAC系、B系、77-34、DM001等。美国宾夕法尼亚州立大学的学者将苹果砧木应用范围分为4类。

（1）适作矮化中间砧　M9R、M9EMBLA、B491、M26 E、MBLA、Ceplland、Lancep、P22和M27。

（2）适合中等高度的苹果砧木　J9、P2、B9。

（3）适合自然整枝苹果砧木　W9REMBLA、B491、P22、B9。

（4）适合树篱式整枝苹果的砧木　M9、M27 和 P22。

3. 梨的主要砧木

嫁接梨常用的砧木有：秋子梨、杜梨、褐梨、麻梨、沙梨、豆梨等。

4. 葡萄的主要砧木

葡萄常用的砧木有：山葡萄、贝达、极易繁殖的栽培品种等。葡萄砧木大致可分为生长势强的和生长势弱的两种类型。生长势强的砧木表现生长旺盛，根粗，深根性，嫁接后地上部表现丰产、长势旺、寿命长，但果实成熟延迟、品质变差。生长势弱的砧木表现浅根性，根细，嫁接树生长势弱，树龄短，产量低，有所谓的"小脚"之称，但葡萄粒早熟、着色好、糖度高，从幼树期结果开始就表现品质好。近年来，将这两种类型砧木杂交，培育出了具有中间特性的砧木，并在生产中广泛应用。目前普及最广的有 Teleki 系列的 3 个品种（8B、5BB、5C）和 3309、3306、101-14、420A、188-08 等。这些砧木有时也有"小脚"现象，但多数表现程度轻，嫁接品种果实的品质优良。

长期以来，我国葡萄栽培除北部寒冷地区使用抗寒的

"山葡萄"和"贝达"作砧木进行嫁接育苗外，主要以扦插方法繁育自根苗。近年来，随着葡萄生产的发展，许多育苗单位开始大量繁育嫁接苗，加之一些品种如"藤稔"扦插生根较难或自根苗表现生长缓慢，葡萄生产者认识到栽培嫁接苗的必要性，但在砧木选用上存在很大的随意性。

5. 桃常用的砧木

有杏、扁桃、山桃、梅等。

6. 李常用的砧木

有中国李、毛桃等。

7. 杏的砧木

有山杏、杏和毛桃等。

8. 核桃的砧木

有核桃楸、核桃共砧等。

9. 柿子的砧木

有黑枣、柿子共砧等。

10. 枣的砧

有木酸枣等。

三、砧木苗的培育

培育砧木苗的方法有实生繁殖和无性繁殖两种。实生繁殖即播种繁殖，应用广泛，主要过程包括种子采集、贮藏、层积处理、催芽、播种和砧木苗管理等。无性繁殖主要包括扦插、压条及组织培养等，主要应用于矮化砧木和特殊砧木的培育。

(一) 实生繁殖

1. 砧木种子的采集与贮运

（1）采集 砧木种子必须在经过选择的母树上采集，以保证种子的质量。采种用母树要求品种纯正、生长健壮。根据果实的特点，用适当方法取种。若果实可以食用，可将果实送加工厂综合利用后收集种子。若果实无利用价值，可将鲜果剖开取种；也可将果实堆积，待果实开始腐烂时掏取种子。

砧木种子的采收一般应在果实充分成熟时进行，可以提高发芽力，培育壮苗。过早采收，种子未成熟，种胚发育不全，贮藏养分不足，生活力弱，发芽率低。采收后，应将果实堆放在背阴处，厚度不超过 30cm，避免伤热影响种子的发芽率。也可将采收的果实放在大缸里沤烂果肉，待果肉腐烂后用温水冲洗，再将洗净的种子摊开放于通风处阴干。

（2）贮藏 种子阴干后，应该进行精选，清除残存的杂屑和破粒，使得纯度达到 95％以上（图 2-2）。经过精选后的种子要妥善贮藏。一般小粒种子（如山定子、杜梨等）和大粒种子（如核桃、山杏等）在充分阴干后，放在通风良好、干燥的屋内贮藏即可。但是板栗种子怕冻、怕热、怕风干（失水干燥的板栗种子就会失去发芽力），所以，板栗采种后一般多用窖藏或埋于湿沙中。

图 2-2 枳壳种子阴干后包装

① 鲜藏 即种子贮存于果实中，播种时才取种。这种方法短时间贮藏可以；时间稍长，果实开始腐烂，种子也受影响。

② 干藏 将阴干的种子装入贮存器内存积，这种方

法易使种子失去水分，影响发芽力（图 2-3）。

图 2-3　枳壳种子干藏

③ 沙藏　沙藏是大多数果树砧木种子采收后常用的贮藏方法，但必须要经过一段时间的后熟过程才能萌发。秋播的种子是在田间自然条件下通过后熟的。春播用的种

子则必须在播种前进行沙藏处理，以保证其后熟作用顺利
进行，否则发芽率极低或不发芽。在生产上一般多采用冬
季露天沟藏或木箱、花盆内沙藏，这是安全可靠的方法
（图 2-4）。

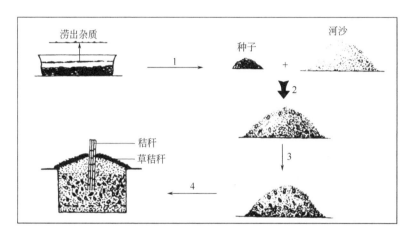

图 2-4　种子层积处理

1—水浸；2—混合；3—拌匀；4—入坑

沙藏的方法：将阴干的种子与含水 5%～10% 的清洁
河沙（以手捏能成团，轻放在地又能散开为宜）在室内分
层堆放。先在底部堆沙 10～12cm，上面均匀撒上一层种
子，厚约 1～2cm，上铺 3～4cm 厚的沙，再撒上一层种
子。如此一层沙一层种子，高度不超过 50cm，顶上再盖
沙 10～12cm，上盖草帘或塑膜保湿即可。以后每隔 10～
15 天检查一次，视沙的潮湿情况喷水或吹风凉干，以保
持种子不干燥或霉烂。太干则降低发芽率，且再播种后往

往多出白苗；太湿则容易腐烂。贮藏中注意防鼠害。

在沙藏的后期，要检查 1～2 次，上下翻动，以便通气散热。如果沙子干燥，应适当洒水增加湿度。若是发现有少量霉烂的种子要立即剔除，并设法降温，以防蔓延。尤其是在早春，由于气温上升，部分种子已经长出幼根，但尚未达到播种适合时期，为控制萌发，必须加冰降温。后熟期的长短依据砧木种类、种子大小和种皮厚薄而有所不同。种子大或种皮厚的则需要时间长，如山楂、桃等，宜冬藏；而种子小、种皮薄的则需要时间短，可以春季沙藏。沙藏前必须要了解不同种子后熟期所需要的天数，以便沙藏期和播种期相适应，避免造成种子已经大量发芽而播种期还未到。但是若沙藏过晚，至播种期种子还未萌动，也会影响发芽力。为了适应大面积播种，最好根据播种面积和劳动力情况进行分期沙藏，分期播种。当沙藏种子中有 10%～20% 露出白芽时播种最佳。

（3）运输　将阴干经检疫的种子拌以适量的木炭粉吸潮，装在钻有小孔的木箱内运输，不能装过满。如用麻袋装时要注意透气，以免发热，发霉失去发芽力。

（4）种子发芽率的测定　购买种子或播种前，必须检查种子发芽力。一般可用下列两种简单的方法。

① 过氧化氢（H_2O_2）鉴定法　用 3% 过氧化氢溶液滴在种子切面上，凡在子叶切面上发生气泡的，为具有发芽力的种子。以 100 粒种子进行测定，可以计算出种子发

芽的百分率。

② 染色法

a. 靛蓝胭脂红染色　先将种子浸水一昼夜，剥去种皮（因种皮阻止种胚子叶染色）浸于 0.1%～0.2% 的靛蓝胭脂红溶液中。在室温下，仅需 3 小时就可看出种子着色程度。凡具有生活力能发芽的种子不会着色，而完全着色或是胚部着色的都是失去生活力的种子。部分子叶着色的表示该着色部分的细胞已经死去。

b. 二硝基苯染色　此法系根据种子的活细胞呼吸过程中能还原二硝基苯的原理来测定种子的发芽力。二硝基苯呈现液态时，容易经种子的选择渗透到种子内部。用二硝基苯处理过的种子，再用氨水处理，则产生二硝基苯还原的产物——羟氨硝基苯酚，种子上就显示绛红色的色泽反应。因此凡着色的种子表示具有发芽力的种子。二硝基苯和液态氨能渗入种子内部，染色时不必剥掉种皮。在室温内 5 小时即可着色，在 40～45℃ 时，1 小时就可着色。加氨水以后，种子在 10 分钟内即能着色。

c. 红墨水染色　用 5% 的红墨水，方法同靛蓝胭脂红。

2. 播种

（1）苗床准备　播种地先深翻，每亩施入 50～100 担底肥，并撒入 2～3kg 的 6% 可湿性六六六粉，防治地下害虫，然后翻入土中，碎土耙平，整细开畦。畦宽 1～1.5m，沟宽 30cm，深 10cm，畦面整齐，畦四周可比中间略高，以使种子不落入沟内，便于肥水管理。畦面稍加镇压，施水肥，待水肥稍干即可播种。

（2）播种时间　果实采收后至次年均可播种，温室播种可提前。一般分秋播和春播两种。

① 秋播　秋播种子不用沙藏，可在秋末冬初，土壤结冻前（11 月份）进行。

② 春播　春播在土壤解冻后，即清明至谷雨期间进行，春播种子经沙藏后，萌芽在 20％左右时播种最好。

就柑橘而言，湖北省宜昌地区露地播种宜在 1 月下旬～2 月初，4 月上旬发芽出土，9 月上旬 70％～80％可嫁接。若是嫩籽播种，在湖北省宜昌地区 7 月下旬采青果，于 7 月下旬～8 月中旬播种。播种后一星期全部发芽出土，15 天苗高 4cm，11 月底苗高 20cm，茎粗 0.3cm，翌年 5 月可进行小芽腹接。如迟至 8 月底播种，则当年苗小，迟至 10 月上旬播种的当年大部分未出土。

（3）播种方法　有撒播和条播两种（图 2-5）。

① 撒播　占地面积小，管理省工，单位面积产苗量高，但不移栽时生长弱，移苗的则可用。

② 条播　节约用种，便于除草、施肥、嫁接、抹芽等管理，利于通风透光，苗木生长较好。以宽窄行条播普遍。一般一畦播 4 行，两个窄行分布两边，离沟 15cm，

<table>
<tr><td>(a) 撒播</td><td>(b) 条播</td></tr>
</table>

图 2-5　砧木种子播种方法

窄行间相距 15cm，中间留宽行 50～70cm 便于嫁接。

播种前将种子用 0.1％高锰酸钾浸 1 小时，或 1.5％硫酸镁在 35～40℃温水浸种 2 小时，或 1％硫酸铜浸 10 分钟，然后用清水洗净，可消除种子所带的病菌有利于发芽和生长。据报道，用浓人尿或 5％尿素，或 5％硫酸铵＋3％过磷酸钙浸种 24 小时，可减少柑橘的白化苗。

表 2-1　柑橘每斤种子粒数

品种	每 500 克种子粒数	品种	每 500 克种子粒数
枳	2500～3200	枳橙	2000～2500
酸橘	3500～4200	香橙	3600～4000
红黎檬	5800～6000	宜昌橙	2000～2500
甜橙	2500～3500	椪柑	4200～4500
酸橙	3000～3200	四季橘	4500～5000
红橘	4700～5200	酸柚	2000～2500

为提早发芽可人工催芽播种。先用 35～40℃ 温水浸 1h 再用冷水浸半天，然后用青苔垫盖或放于垫草的竹箩中并盖草，每天用 35～40℃ 温水均匀淋 3～4 次，翻动种子一次，一星期至 10 天微露白根即可抢墒播种。

播种时将种子用草木灰拌匀或直接播于苗床上，然后盖上细土或腐熟的细土粪。盖土厚度一般为种子直径的 3 倍左右，即 2～3cm。过深，土温低，氧气不足，种子发芽困难，出土过程消耗养分过多，出苗晚或出不了苗；播浅种子得不到足够稳定的水分，影响出苗率。一般干燥地区播深些，秋冬比春夏播深，沙壤土比黏土播深。为保持土壤湿度及土面疏松，防大雨冲刷，畦面应该盖一层松软覆盖物，如稻草、麦草、谷壳等。也可盖塑膜保温、保湿。

（4）播种量　依据播种方法、种子大小及质量而定。

播种量计算的依据是计划育苗数量、株行距，当地的气候条件和种子质量（包括种子的纯洁度和发芽率），每 500 克种子的粒数，再加上由于各种原因所造成的缺苗损失。单位面积生产一定数量砧苗的用种量，依据播种方法、种子大小及种子质量而定，以千克/公顷表示。可用下列公式求得。

$$\frac{播种量}{（千克/公顷）}=\frac{计划成苗数}{每千克种子粒数 \times 种子发芽率（\%） \times 种子纯洁率（\%）}$$

实际播种量应高于计算值，是因为还需考虑播种质量、播种方式、田间管理以及自然灾害等因素造成的损失。

以柑橘砧木枳为例：500 克枳果实 22～47 个不等，每个果实含有种子 30～60 粒不等，每个果实可以取种子 0.3～0.4 斤约 900 多粒，500 克种子就有 3000 粒左右（表2-1）。每亩如计划育苗 8000～12000 株，考虑到出苗率等因素影响，一般不移栽苗田一亩要播种 5 千克左右。移苗的一亩可播种 80 斤左右。

3. 播种后的管理

播后要特别注意土壤的水分管理，表土不要过干，能常喷水或高垄下洇水最好。苗出齐后要及时松土、除草。幼苗密度太大时应间苗，间后的株距约为 10cm。并注意防治病虫害。幼苗长到 30cm 左右时，将下部叶片和萌发的叶腋芽一起抹除，这样有利于嫁接。在嫁接前半个月摘心，增加苗木粗度，有利于嫁接。具体措施如下所述。

（1）灌水及揭除盖草　播种后要保持土壤一定水分，早、晚要进行浇水，浇水次数依据气温和土壤湿度而定。待种子有三分之一发芽出土时揭去部分盖草，有三分之二发芽出土时即可全部揭除，并清除畦面杂草。覆盖物的揭除应在阴天或傍晚进行。揭除覆盖物过迟会使幼苗黄化、弯曲。

（2）间苗移栽　当幼苗长出 3～5 片真叶时，可进行间苗移栽，过晚则影响幼苗生长。要做到早间苗、晚定苗、分次间苗、合理定苗。为了提高砧木苗的利用率，除了应该拔除过密的病虫苗或生长过弱的苗以外，对仍然不能间出的幼苗进行移栽。在移栽前 2～3 天最好灌水，以利于挖苗保根。阴天或傍晚移栽可以提高成活率。挖苗时要注意少伤根，随挖随栽。栽植时先按行距开沟，灌足底水，趁水抹苗（即将苗贴于沟的一侧），待水渗下后，及时覆土，以后要注意灌水。若有条件的话，最好带土团移栽，这样伤根少、缓苗快。

（3）施肥、中耕　幼苗出齐至移栽前，施肥掌握先淡后浓的原则，每半个月施肥一次，肥料以腐熟的稀薄人粪尿、腐熟的饼肥水为宜。施肥时注意不能把肥施在叶片上，撒播苗在施肥后浇清水，洗去叶上肥料，否则气温高时引起叶片灼伤。

（4）摘心折梢　如果需要夏季或秋季嫁接，可于苗高 30cm 左右时摘心或折梢，并除去苗干基部 5～10cm 处发生的侧枝，以利于苗干的加粗。为了早日达到嫁接标准，还可于生长期喷布 50mg/kg 的赤霉素。

（5）防治病虫害　幼苗在生长季节高温多雨时易患立枯病，在发生 3～4 真叶前应减少浇水和停止施肥。雨季注意排水，用 40% 代森锰 400～500 倍液进行土壤消毒，或喷 500～700 倍的退菌特。幼苗期防地老虎，用青草每

5 千克加敌百虫 0.1 千克作诱饵，傍晚撒在苗附近诱杀。

此外，若嫩籽播种时正值高温期，可搭荫棚遮阴。

（6）越冬防寒　对于当年秋季不能嫁接的砧木苗或春季枝接的砧木苗，应灌足冻水，以利于越冬和翌春的生长。核桃、板栗等砧木苗，一般生长较细，达不到嫁接的粗度，既可以齐地面剪断后覆土防寒，也可以压倒埋土、涂抹凡士林加以保护。

4. 砧木苗的移栽

由于直播苗主根长，须根少，幼苗不壮，上山定植后成活率不高，因此以移一次苗为好。一般待幼苗发生 2～3 片真叶时移栽，也可待 9～10 月份间移栽。移栽时应选择阴天或下午 3～4 时移栽。栽前要灌水，移栽时剔除劣病苗、弯苗，并大小分级，可剪短主根。移栽深度与苗田相同。移后应立即浇水。

移栽后要注意灌水，薄施勤施肥。夏梢长到 10cm 左右应摘心，促使砧木苗加粗生长。生长期间注意抹去主干 20cm 内的分枝，使养分集中，嫁接部位光滑。

（二）无性繁殖

1. 扦插

在缺乏种子播种时，也可进行扦插繁殖。

（1）扦插发根的原因　因植物有再生能力，植物的某一器官如根、茎、叶脱离母体后，能够恢复失去的器官，重新形成一个新的植株，这种现象称为植物的再生作用。如枝条剪断插入土壤中，经一段时间后，断面受愈伤的刺激，使得切面的形成层及髓部细胞发生新的分裂层，而形成愈合组织，同时由于外界环境条件（温度、湿度、空气等）的影响，使得愈合组织部分的细胞分裂渐次肥大而使皮层破裂，发生不定根而成为一个独立的新的植株。

在扦插的再生作用中，器官的生长发育依从于植物的极性现象。即一根枝条总是在其形态顶端抽生新梢，在其形态下端发生新根。因此扦插的时候一定要注意不能倒插。

（2）影响扦插成活的因素

① 种类与品种　凡是再生能力强的种类、品种比较容易生根。

② 树龄与枝龄　如从实生幼树上剪取枝条较易生根，随着树龄增大，越难发根。一般枝龄较小，扦插易成活，因其皮层的幼嫩分生组织的生活力强。因此，生产上多用1～2年生枝条扦插。

③ 营养物质　插条内积存的养分是形成新的器官及其初期生长所需营养物质的来源，因此扦插时多在枝条停止生长后剪取，剪取充实的枝条作插条。据研究表明：用上段枝条作插条的成活率明显差于用下端枝条的扦插成活率。凡是枝条等长等粗时，生根情况与重量成正比，越重越易生根。等长等重而节间长的不易生根，节间适中的易

生根。

④ 生长激素与维生素　生长素对根的形成和形成层细胞的分裂有促进作用。维生素在生根中是必需的。因此凡是扦插带芽或叶片的，其扦插成活率比不带芽的插条生根成活率高。这是因为叶片和芽在其生长过程中，制造生长素和维生素物质，并输送到插条下部，从而促进根的分化。

⑤ 温度　柑橘根系生长最低土壤温度 $10 \sim 12℃$，室温 $25 \sim 27℃$。当地温比气温高时易于发根，因地温可促进断面的呼吸作用，使得发根容易。春季扦插，由于气温升高较地温快，插条萌发比生根早。所以在生产上春季在 2 月底、3 月初进行扦插；为提高地温，扦插后可进行覆膜。

⑥ 湿度　土壤湿度和空气湿度对扦插成活影响很大。因插条无根，不能吸收水分来平衡蒸发，根需要人工供给适量水分以补偿其损失。生产上扦插后在地面上应覆盖稻草或塑膜，以减少蒸发。注意经常喷水。插条浸水后扦插，可以增加湿度，使得插条不致因过度蒸发而枯萎。

⑦ 空气　土壤通气对生根很重要，所以苗圃地一定要突然疏松，排水良好。水分过多时插条会引起腐烂。

⑧ 日光　虽不宜暴露在直射的强烈阳光中，以免干枯，但是亦应有微光，使得插条在日光下进行光合作用，

来制造供给组织细胞再生所需要的养料。

（3）促进插条生根的方法

① 插条下断面加温处理　把插头下部埋在堆有酿热物的温床中，保持土温 20～25℃，待下断面出现愈合组织时露地扦插。

② 生长素处理　200mg/kg 萘乙酸浸插条下段 4 小时，或 100～200mg/kg 吲哚乙酸浸插条下部 12～24 小时（新鲜人尿含有吲哚乙酸，可浸插条下部 10～12 小时）。

（4）扦插方法　将枝条剪成 12～15cm 长，底部剪口稍斜，经过处理后插入苗床，只留 1～2 个芽露出地面，稍稍压紧土壤，浇水，覆盖。插后管理与播种相似。

此外也可秋季先嫁接、春天接芽时扦插。经扦插培育的砧木苗，须根发达，苗木生长势良好。

2. 根蘖

有些果树如苹果、山楂、李等易发生根蘖。利用这种特性，经过适当的培养也可以用作砧木苗。除了挖取自然发生的根蘖苗外，也可以有意识地培养根蘖苗。

（1）方法一　在大树树冠投影边缘开沟断根，然后填土平沟，促发根蘖。随后加强土肥水管理，待根蘖达到一定粗度时，就地嫁接，常常可以得到质量较高的苗木。当然，为了保护母树，一年不能断根取苗过多，而且断根取苗的位置每年也要适当地变换方位进行。

（2）方法二　将果园中自然发生的1～4年生根蘖苗于早春移栽归圃。对于1～2生苗可不平茬，夏季在2～3年生部位芽接；对于3～4生苗可平茬，归圃培育一年后于翌春进行枝接。

3. 压条

培土压条繁殖的原理是基于某些树种可以从茎部即从活跃组织中诱发出根系。苹果的矮化砧木、葡萄、核桃等树种常常可以采用此法。生产上常用的主要有直立压条法和水平压条法两种。

（1）直立压条法　冬季或早春从母株近地面处剪断，促其发生较多的新梢和根蘖。当新梢长到达20cm以上时，逐渐培土。待枝条下部生根后，当年即可与母株分离而成为独立的砧木苗。直立压条方法培土简单，虽然建圃初期繁殖系数较低，但是以后随着母株年龄的增长，繁殖系数也会相应地大量提高。

（2）水平压条法　把母株二年生枝条弯曲到地面，待芽萌发后长到20～30cm时，培土到新梢高度的一半处，7月份再培土，生根后切断与母株的联系，将子株分离即可。水平压条法在定植母株的当年即可用来繁殖，而且在母本圃建立的初期，繁殖系数较高。但是在管理上，压条时需要用枝杈等材料，且费工。

四、嫁接前砧木的处理

当砧木茎粗 0.5cm 以上时，可根据树种的要求进行嫁接。嫁接前主要措施有以下两点。

1. 除分枝

春、秋季芽接及春季枝接的，应该取出砧木近地面 10cm 以内的分枝。

2. 灌水

嫁接前一周应适量灌水，以保持砧木水分及促进形成层活跃。

第二节　接　　穗

一、接穗的选择

接穗是嫁接时接合在砧木上的枝或芽。接穗的自身营养状态、采后处理及贮藏方法是否得当对嫁接成活率及以后树体生长发育均有很大影响。

1. 接穗采集母树的选择

应在品种纯正、长势旺盛、丰产优质的结果母树上，选择树冠外围中上部生长充实、芽眼饱满、叶片全部老熟、皮身嫩滑、粗度与砧木相近或略小的 1～2 年生枝条做接穗。剪下后立即剪除叶片，用湿布包好，便可供嫁接

（图 2-6）。

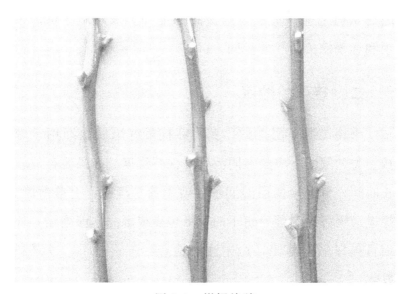

图 2-6　柑橘接穗

2. 接穗的采集

　　果树如在春季进行枝接，应在上一年冬季修剪时，在所剪下的一年生枝条中选择无病虫害、生长充实、粗细适中的枝条，并剪取这些枝条的中间一段，做为接穗。然后将选择好的接穗集成小束，做好品种名称标记，埋在向北荫蔽低温微湿的土中，以防止枝条中水分蒸发，使其保持充沛的生命力，并延迟枝条的萌发时间。为了更好地做到这点，最好在埋入土中以前在每条接穗的两端涂以接蜡。当第二年春季进行嫁接时，对埋在土中的接穗应随用随取，取出后应立即盖以湿布，以减少水分的散失。果树如在秋季或夏季进行嫁接，则可随时从树上选择剪取，选择的标准和剪取后应注意的事项和春季嫁接所作的相同。

二、接穗的贮藏

果树接穗不耐久贮，夏季芽接最好采后立即用于嫁接。需贮藏时，应放在阴凉处并保持湿度。如果要存放较长时间，可将接穗用湿润细沙或木糠等埋藏，上盖薄膜。短途运输可用浸湿后扭干的草纸包裹或湿润木糠埋藏，外面再包以塑料薄膜，途中注意检查，防止过干、过湿和发热。

冬季果树接穗的采集，是为翌年春季枝接做好准备。果树枝接成活率高，新梢生长快，植株挂果早。因此，枝接既是老龄果树更新复壮的重要技术措施，也是老龄果树低产变高产、劣种变良种的重要改良办法。现将果树接穗的冬采与贮藏技术介绍如下。

1. 采集时间

枝接用的接穗，可结合冬季果树修剪进行采集。实践证明，冬至前后采集的接穗最好。山西省原平市同川果农多在"三九"、"四九"天采集，因为数九天果树正处于休眠期，所采接穗易贮藏，接后易成活，穗芽贮期萌发晚，可延长嫁接时间。

2. 接穗选择

采集时要选树势强壮、品种优良、高产优质、发育充实、无病、无虫的壮年母树，在母树上再选取组织充分、生长健壮、芽饱满的 1 年生发育枝作接穗。

3. 贮藏方法

接穗采集后，应按品种分类，捆成一定数量的小捆，挂上标签，标明品种与数量，然后用塑料布包好，贮放在窖内。若无塑料布，可窖（窖）底先铺 7～10cm 白沙土，上放接穗，然后再用湿润沙土掩埋。贮藏期窖温保持在 0℃ 以下。也可选背风向阳处，挖深、宽各 80～100cm 的沟，长根据贮量而定，使沟底保持湿润，先铺 10cm 左右厚的沙土，然后将接穗分层放入沟内，每层接穗之间放一层 4～5cm 厚的湿沙，但最上层接穗距沟底不能超 35cm，上面培湿润沙土厚 45～60cm，将沟口封严。下一年春季嫁接时随取随接，取出后用水泡浸，嫁接时放在水罐内，防止水分散失，降低成活率（图 2-7）。

三、接穗的运输

需要远运时，可用优质草纸数层浸湿压去多余水分，使接穗包卷其中；或用苔藓植物填充，再包以塑料薄膜。木箱装运，不受晒发热可保存一个月左右。夏秋高温宜冷

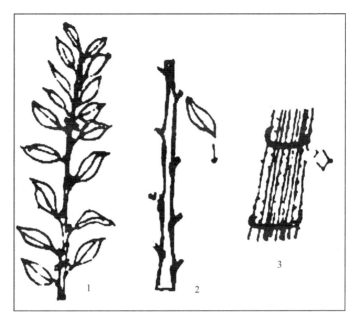

图 2-7 接穗的处理示意图

1—剪下的枝条先剪去基部和尾部；2—去叶片，

留下叶柄；3—分段扎成小把，挂标签做品种标记

藏贮运。

第三节 嫁 接 工 具

嫁接工具的种类、质量不仅影响嫁接成活，还影响嫁接效率。嫁接之前，务必要求刀锋锯快，以便削面平滑，愈合良好。嫁接工具大致可以分为枝接工具、芽接工具以及绑缚材料等三大类。

一、常用的枝接工具

枝接工具有：枝接刀、劈接刀、嫁接夹、手锯、修枝剪、铁钎子、接木铲、木槌或铁锤、小镰刀、削穗器等（图 2-8）。

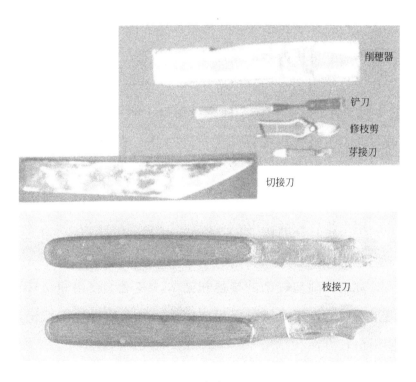

图 2-8　嫁接的工具

1. 枝接刀

可用来削各种枝接接穗，使用方便，工效较高。没有枝接刀时，也可用电工刀代替。

2. 劈接刀

用来劈砧木接口。刀刃用以劈砧木，楔部撬砧木劈口。一般用于较粗大的砧木，多用于劈接。

3. 嫁接夹

用来固定接穗和砧木。目前市面上销售的嫁接夹有两种：一种是茄子嫁接夹，一种是瓜类嫁接夹。旧嫁接夹事先要用 200 倍甲醛溶液浸泡 8 小时消毒。操作人员手指、刀片、竹签用 75％酒精（医用酒精）涂抹灭菌，间隔 1～2 小时消毒一次，以防杂菌感染伤口。但用酒精棉球擦过的刀片、竹签一定要等到干后才可用，否则将严重影响成活。

4. 手锯

用来锯较粗的砧木。

5. 修枝剪

常用来削剪较细的接穗和砧木，多用于腹接和切接。由于不用变换工具就可以完成嫁接，所以嫁接速度较快，使用也较方便。

6. 铁钎子

用于撬开砧木的皮层，一般用于插皮接。如没有此工具，也可以用大改锥代替。

7. 接木铲

用于较粗接穗的切削，葡萄、核桃等树种室内嫁接应用较多。如果配以自制的削穗器，则削穗速度能够大大提高，而且操作较省力。

8. 木槌或铁锤

用于配合劈刀开砧木口或铁钎撬砧木皮，大树高接时常用。

9. 小镰刀

用于较粗砧木断面的削光。

10. 削穗器

在接穗枝条对称的两侧，稍带木质部削成长 4～5cm 的斜面，向内的一侧下端削长约 2cm 的短斜面，深达接穗木质髓部，呈楔形，其形状与接口大小相似。穗削成后，对准两侧形成层插入接口，稍向下轻敲，使穗砧密贴。

二、芽接工具

1. 芽接刀

芽接时用来削接芽和撬开芽接切口，也可用锋利的小刀代替。芽接刀刀柄处有角质片，用以撬开切口，防止金属刀片与树皮内单宁物质化合（图 2-8）。

2. 水罐

芽接时盛接穗用。里面放水，以防接穗干燥失水。

3. 包穗布

芽接时用于包裹接穗。包裹前需将布用水湿润。

三、塑料薄膜绑缚材料

可用于接口或接穗的绑缚。使用时剪成塑料条带，宽度依据砧木、接穗粗度不同而异，以便于缠绑、节省材料。用塑料薄膜包扎，虽然增加解绑用工，但是因其薄而柔软，具有弹性和拉力，能绑紧包严，透光而不透气、不透水，保温、保湿性能良好，所以，成为目前应用最为广泛的包扎材料（图2-9）。

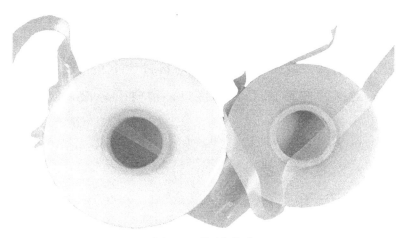

图2-9　塑料薄膜

第三章
果树嫁接方法

第一节 芽 接

芽接是以芽片为接穗的嫁接繁殖方法，主要有"T"字形芽接、嵌芽接、芽片腹接和套芽接等。

一、"T"字形芽接

砧木的切口像一个"T"字，故名"T"字形芽接。由于芽接的芽片形状像盾形，又名盾状芽接。

"T"字形芽接的具体操作步骤如下所述。

1. 切削砧木

用培育的 1 年生砧木大苗作砧木，在砧木距离地面4～5cm 处进行嫁接。在砧木上选择光滑部位，先去除叶片，再切一"T"字形切口，先横刀切，宽度约为砧木粗度的1/2，再从横刀口的中央开始向下切纵刀口，长约2cm（图 3-1）。

2. 削接穗

从优良母树上采取当年生枝条作接穗，并从接穗上选

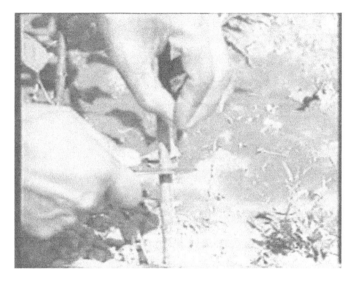

图 3-1　削砧木

饱满的芽体作接芽。先从芽的上方 0.5cm 处横切一刀，刀口长约为枝条圆周的一半，深达木质部，再从芽体下方 1～1.5cm 处向上斜削一刀，削至芽上方的横刀口部位，使被削的芽片呈盾形（图 3-2）。

3. 接合

剥下带皮的芽片，随即在砧木距地 3～5cm 处切一"T"字形切口，用刀尖剥开切口皮层，将盾形芽片插入，上端与砧木的横切口对齐（图 3-3）。

4. 包扎

用嫁接塑料条从上向下捆绑，并把砧木横切口封严防止雨水浸入，芽头露在外面。接后 10 天左右检查是否接

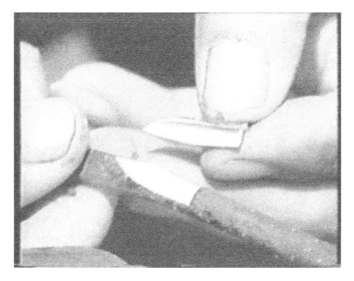

图 3-2　接穗

图 3-3　接穗接合砧木

穗芽与砧木已愈合稳固（解膜检查，用手轻轻一摇，稳固者已成活，若松动者，证明未成活，可以再次补接）。如果接穗不离皮时，芽片也可带薄薄的木质部，但木质部不能太厚（图 3-4）。

图 3-4　绑扎

二、嵌芽接

嵌芽接是带木质部芽接的一种，可在春季或秋季应用。当砧木和接穗不离皮时，或者早春季节嫁接苗木时多采用嵌芽接，用途广，效率高，操作方便。

1. 嵌芽接时期

根据不同果树的发芽早晚而不同。最佳嫁接时期在春季 3 月上旬～5 月上旬，秋季 8 月上旬～9 月中旬。

2. 接穗的采集与保存

春季嫁接需接穗，量少的可以从优良母树上采集健壮的 1 年生枝条，现采现用。嫁接量大的应在春季未萌动前采集接穗进行沙藏。沙藏时注意沙要干净无土，不能过干过湿，以手握成团、手展即散为宜。贮藏坑应选择不积水的背阴处，坑宽、深、长各依接穗多少而定。先在坑底铺 5cm 厚的沙，将接穗平放，上覆沙 3cm 厚，放 3 层，最上层盖沙 5cm。要求每 20 天上下翻动接穗一次，防止霉烂。事先贮藏的接穗可供长时间嫁接使用。秋季所需接穗采后立即留 0.3cm 长的叶柄，去掉叶片，防止水分蒸发，并随采随用。

3. 嵌芽接适宜的砧木年龄

一是适宜圃地 1～3 年生的苗木嫁接，二是适宜 2～5 年树龄的幼树高嫁换优。凡砧木径粗 0.5～2cm 的均可采用此法。

4. 嵌芽接的操作要领

（1）削砧木　在砧木距离地面约 4cm 处去除叶片，再由上而下斜切一刀，深达木质部。然后在切口上方 2cm 处由上而下连同木质部往下削，一直削到下部刀口处，取下一块砧木（图 3-5）。

（2）削接穗　春季利用休眠期剪取贮存的 1 年生枝条

图 3-5　砧木切口

作接穗。先从接穗芽上方向下斜削一刀至芽下 1.5～2cm 处，再从芽下 1.2cm 处斜切一刀，芽片成带木质盾形、舌状（图 3-6）。

（3）接合　把从接穗上取下的芽片嵌入，使形成层对齐（至少有一边对齐，图 3-7）。

（4）包扎　用嫁接膜塑料条绑严。嫁接时先剪砧后嫁接，萌芽生长半月后解绑。在出圃后、定植前必须解绑，否则会在嫁接部位形成细茎，易被风吹折断（图 3-8）。

三、芽片腹接

芽片腹接法在生产上用得较多，它的优点是一年四季均可嫁接，不受枝条是否离皮的限制，并因芽片带木质部

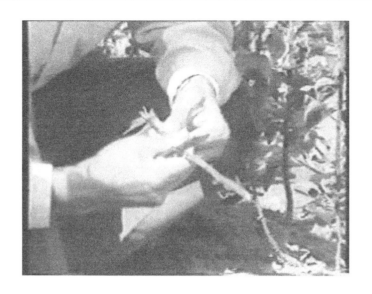

图 3-6 削接穗

图 3-7 砧木接穗接合

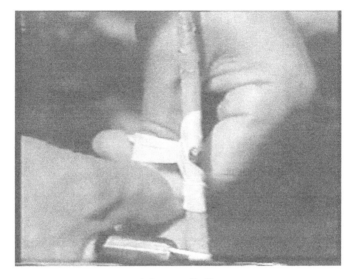

图 3-8 绑扎

不损伤芽片内的维管束而嫁接成活率高，苗木生长势强。通常在以下情况下使用芽片腹接：接穗皮层不易剥离时；接穗节部不圆滑，不易剥取不带木质部的芽片时；接穗枝皮太薄，不带木质部不易成活时。带木质部芽接接穗和砧木的削法与"T"字形芽接相近，唯有在削接穗时横刀重，直接将芽片削下。

芽片腹接法的具体操作方法如下所述（同嵌芽接）。

1. 削接穗

要选择粗细适中、芽眼充实饱满的接穗。用锋利的小刀从接穗芽的上方 1～2cm 处向下斜削一刀，深达木质部，再从芽的下方 1cm 处约成 45°角斜切一刀，取下带木质部的芽片。芽片要求长一些，以便增大与砧枝切口的接触面，一般以 2～3cm 为宜，厚度为接穗直径的 1/5～1/4。

2. 切砧枝

用同样的方法在砧枝的光滑部位切一个与芽片基本相同或稍长的切口。

3. 砧穗对接

将芽片插贴于砧枝切口上，插入芽片后应使芽片上端露出一线宽窄的砧枝皮层，形成层一定要对齐。

4. 绑缚砧穗

用塑料条将砧穗接合部绑紧，注意芽一定要露在塑料条的外面。一般情况下，嫁接后 20 天即可解下塑料条。

四、套芽接

又称环状芽接、哨接，此法适用于接穗与砧木粗度相近的情况。当砧木和接穗粗度不相匹配时，可用相近似的管状芽接法。套芽接的操作要领如下所述（同嵌芽接）。

1. 削接穗

接芽以芽为中心，长约 1.5cm，用特制双刃刀切割接穗皮部一周，在芽背侧纵切一刀，轻轻剥下接芽套；或先在接穗上方 0.8～1cm 处剪截，再在芽下方 0.8～1cm 处环割一刀深达木质部，扭下管状芽套。

2. 削砧木

在砧木上剥取同样大小树皮。

3. 接合

将接芽套紧密接上，再将剥下的砧木皮部向上拢住芽套。

4. 绑缚

用塑料薄膜条扎缚。用于嫁接较难成活的树种。

五、方块芽接

接芽片削成方块状，同时砧木切开与接芽片相同大小的方形切口，适用于比较粗的砧木和接穗，常用于核桃育苗上。方块形芽接的操作要领如下所述（同嵌芽接）。

1. 削接穗

在一个正方形的木块上固定两片单面或双面刀片，刀片要锋利，并及时更换，两刀片的间距为 4cm。嫁接时在接穗上横切后，再用另一刀片在接芽左右各切一刀，间距 1.5～1.7cm，即可取下长 4cm、宽 1.5～1.7cm 的方块芽片，每芽片上带有一个饱满芽。

2. 砧木切削

在砧木距地面 20～50cm 处做一个与芽片大小基本相同或稍大些的方块切口。

3. 接合

取下皮层，迅速将芽片贴在砧木切口木质部上，芽片和砧木切口至少有一侧对齐，并在砧木切口下部切一小口以利排水，防止伤流积水引起褐变。小口宽度为 1.5～3mm。嫁接速度要快。嫁接部位的皮层与接穗皮层的成熟度应尽可能一致。砧木嫁接部位的凸凹程度要尽可能与芽片相吻合，以利于增大接触面，提高成活率。

4. 绑缚

嫁接后宜采用弹性好的白色原生微膜或中膜包扎。在绑扎时要在接芽叶柄痕的下、中、上部位各绑 2 圈，还要从接芽上方向下再绑 1 圈，共缠绑 7 圈，才可确保扎紧绑严。嫁接后立即在接口以上留 2～3 片复叶将砧木上部剪去。砧苗密度过大时可适当少留叶，以保证通风透光，促使接芽成活。同时，去除保留叶的腋芽和接口下面的复叶及枝条。

六、长方形芽接

长方形芽接方法如下所述（同嵌芽接）。

1. 削接穗

用刀在芽前方 0.5cm 处削入，刀片略平，削至叶柄下方 1cm 处，然后在芽下方 0.8cm 处斜削一刀，取下芽片，削面要平滑略带木质部。

2. 砧木切削

切砧则选离地面 4～5cm 处光滑较扁平的一面，用刀向下削开一块皮，要比芽片长，然后将被切部分的皮层去掉 2/3。

3. 接合

把芽片插入，注意露白。

4. 绑缚

包扎好薄膜。

七、单芽贴皮接

单芽贴皮接是一种全新的果树嫁接方法。它将传统嫁接方法的砧穗二面接触改为砧穗三面接触，因而大大地提高了嫁接成活率，同时又具有简便、灵活、省时、易学等优点。目前，单芽贴皮接逐步被果农所接受，并广泛应用于育苗、高头换种、树体改造等果树生产中。现将该方法简介如下。

1. 嫁接时间

从砧木萌动直至夏末秋初，只要砧木形成层活跃，韧皮部容易与木质部分离便可运用该方法。不同的树种、品种因其萌动的时间不同，其具体的嫁接时间也随之不同。

2. 嫁接方法

（1）砧木切削　在砧木离地 5～10cm 处将其剪断（圃嫁接时，剪砧便于操作，其他情况下嫁接是否剪要视具体情况而定）。在剪口下 2～4cm 处选平滑光洁的部位，将刀刃和砧木呈 30°～45°角向下斜切一刀，深达木质部内，再使刀与茎平行并略带木质部向下滑切长约 1.5～2.0cm，拔出刀，用刀尖将被切离的那一小部分的木质部与皮层分开，并将木质部剥离。

操作时，可以右手持刀，左手握住砧木切口上部 2～4cm 处以固定砧木，便于切削砧木。对于木质部与皮层不能完全分离的砧木，应弃而不用待以后再嫁接。另外，嫁接前一天最好给砧木灌一次透水。

（2）接穗切削　选取处于结果盛期树中、上部的壮枝做为接穗，左手倒持穗条，右手持嫁接刀，在穗芽的下方 0.5～1.0cm 处先削一斜面，长约 0.5cm，再从芽正下方平削一刀，使其露出形成层，再将接穗翻过来，从芽的背面平削一刀，其深度视砧木而定，砧木细的则削浅些，砧木粗些的则深削，目的是让削出的芽片宽度与砧木切口大小相当，便于左右两边形成层均能对得上，最后将接芽从穗条上剪离备用。

（3）结合包扎　将切削的芽片插入砧木切口，并将砧木上切出的皮层贴在接芽上露出的形成层上，再用宽 1.5cm 的塑料地膜条自上而下绑严捆紧，露出接芽和叶柄（生长季节嫁接时），绑缚时也不可过紧，防止将形成层挤压成伤，影响成活率及长势。另外，接合时注意两处留白。

（4）后管理　一般嫁接后 20 天左右伤口就可愈合。要及时除去萌蘖，以保证养分集中供应穗芽生长。由于砧木上的主芽、侧芽、隐芽和不定芽较多，除萌应及时，一般要连续进行 3～4 次。待接芽萌出的新梢长至 10～20cm 时，可解除绑带，并从接芽上部 0.5cm 处剪去过长砧木。对于嫁接未成活者，应及时安排补接。当接穗新梢长到 40～50cm 时，要进行摘心，促进早分枝、早成型。为防止嫩梢被风吹断，还应立棍绑缚。同时积极防治病虫害，加强肥水管理，促进苗木生长。

3. 单芽贴皮接的优点

（1）嫁接成活率高　果树嫁接是否能成功的关键在于砧、穗形成层是否接触良好。由于该嫁接方法将传统的砧穗二面接触改为砧穗三面接触，提高了接触机会，因而大大地提高了嫁接成活率，一般可达 95% 以上。

（2）对砧木粗度要求不高　砧木的粗度是制约果树"当年播种、当年嫁接、当年出圃"即"三当育苗"是否成功的关键因素之一。特别是有些树种（如杜梨），当年所育苗木的粗度在夏季很难达到传统嫁接方法所需要的最低要求（一般 0.6cm）而无法嫁接、出圃。利用单芽贴皮接新技术，只要求砧木达到 0.4cm 粗即可嫁接，因而大大地提高了当年所育苗木的夏季嫁接率，缩短了育苗时间。

（3）可嫁接时间长　从砧木萌动"行汁"的春天直到秋初，只要形成层处于活跃阶段，均可嫁接。尤其在夏季应用较广。

（4）高效、速度快　因为是单芽切削，操作较容易，动作熟练的嫁接工一天可在苗圃嫁接 600～800 株。

（5）嫁接部位灵活　因它具有芽接的优点，可以将接穗接在砧木的任何部位，因而可广泛应用于果树育苗、高头换种、树体改造等生产中。

（6）节约接穗　该嫁接法多采用单芽嫁接，用芽量较少，成活率又高，因而特别适用于繁育特别珍贵的优良品种。

（7）具有较高地借鉴作用　单芽贴皮接的实质就是设法增加砧穗形成层薄壁细胞的接触面积，对其他嫁接方法具有较强的借鉴作用。如可将切接改良为贴皮切接、将腹接改良为贴皮腹接等。

第二节　枝　　接

枝接是以一段枝条为接穗的嫁接繁殖方法，用途广泛。除育苗外，特别适合于较粗的砧木嫁接，如高接换种、桥接等。枝接方法很多，主要有腹接、劈接、插皮接等。

一、劈接

劈接是从砧木断面垂直劈开，在劈口两端插入接穗的嫁接方法。劈接适用于较粗大的砧木（根颈 2～3cm 左右）嫁接，常采用劈接的树种有核桃、板栗、枣、柿等，其主要操作要领如下。

1. 削接穗

将采集的接穗去掉梢头和基部芽子不饱满的部分，把接穗枝条截成 8～10cm 长带有 2～3 个芽的接穗。然后在接穗下芽 3cm 处的下端两侧削成 2～3cm 长的楔形斜面。当砧木比接穗粗时，接穗下端削成偏楔形，使有顶芽的一侧较厚，另一侧稍薄，有利于接口密接。砧木与接穗粗细一致时，接穗可削成正楔形，这样不但利于砧木含夹，而且两者接触面大，有利于愈合。接穗面要平整光滑，这样削面容易和砧木劈口紧靠，两面形成层容易愈合。接穗削好后注意保湿，防止水分蒸发和沾上泥土（图 3-9）。

2. 切削砧木

根据砧木的大小，可从距地面 5～6cm 高处剪断或锯断砧木，并把切口削成光滑平面以利愈合，用劈接刀轻轻从砧木剪断面中心处垂直劈下，劈口长 3cm 左右。砧木劈开后，用劈接刀轻轻撬开劈口，将削好的接穗迅速插入，使接穗与砧木两者形成层对准。如接穗较砧木细，可

图 3-9　削接穗

把接穗紧靠一边，保证接穗和砧木有一面形成层对准。粗的砧木还可两边各插一个接穗，出芽后保留一个健壮的（图 3-10）。

3. 接合

插接穗时，不要把削面全部插进去，要外露 0.1～0.2cm，这样接穗和砧木的形成层接触面较大，有利于分生组织的形成和愈合（图 3-11）。

4. 绑缚

接合后立即用塑料薄膜带绑缚紧，以免接穗和砧木形成层错开。为了防止切口干燥，劈接后要埋土保湿。插好接穗绑缚后，用黄泥或接蜡涂抹好切口，以防止水分蒸发

图 3-10　切砧木

图 3-11　砧木接穗结合

和避免泥土掉进切口，影响愈合。再用湿土把砧木和接穗全部埋上。埋土时可由下而上在各砧木以下部位用手按实，接穗部位埋土稍松些，接穗上端埋的土要更细、更松些，以利于接穗萌发出土（图3-12）。

图3-12　绑扎

二、切接

切接是在砧木断面偏一侧垂直切开，插入接穗的嫁接方法，适合于较细的砧木。切接法操作容易，成活率高，萌发抽梢快，接穗用量省，是枇杷嫁接换种的最佳接法。

1. 锯（剪）砧

在换种树上选分布均匀、斜生的1～2级分枝2～3

个，距分枝 15～20cm 处锯断，剪口应平滑，稍倾斜，不撕裂。锯口断面皮层用嫁接刀削平滑，稍倾斜，不撕裂。锯口断面皮层用嫁接刀削平滑，留嫁接部下面分枝角度大的斜生侧枝节 1～2 个作"抽水枝"，其余枝条从主干分杈处锯除，嫁接部位离地面高度约 1m 左右。选树皮光滑处，在皮层与木质部交界处，略向木质部倾斜 5°～10°角，稍带木质部纵切一刀，深 2～2.5cm，切口平直。接部径粗 6cm 以上的，在断面相对面切两处切口，嫁接两个接穗，便于接部断面尽快愈合（图 3-13）。

图 3-13　剪砧木

2. 削接穗

左手倒握接穗，右手握刀，在接穗基部稍带木质部削长 2～2.5cm 的长削面，相对一面切成 45°、长 1～1.5cm 的斜的短削面，两刀相交处成一线，倒转接穗，留 1～2 个芽眼削断，接穗削成楔形，长 3～4cm，具有 1～2 个饱满芽眼，芽眼应处在两削面之间，长、短两削面要平直（图 3-14）。

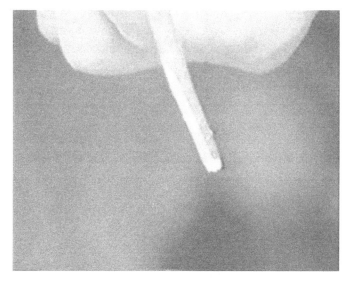

图 3-14　削接穗

3. 插穗、包扎

接穗与砧木的形成层务必对齐、密切紧贴，插穗深度以微露削面为宜，以利与砧木断面伤口愈合。插穗后马上用薄膜带包扎，先在接部中上处紧扎两圈，固定接穗，使接穗与砧木切口形成层密贴，后用薄膜覆盖砧木断面，继续环扎薄膜带，包裹整个嫁接部，接穗部分用地膜留芽眼包裹（图 3-15）。

图 3-15　砧穗结合

三、腹接

腹接是在砧木中部的一侧斜切一刀，将接穗夹于接口的嫁接方法。其主要操作方法如下所述。

1. 削接穗

在 2～3 月份，选用充实的 1 年生枝条为接穗，取接穗时，左手倒持枝条，右手持嫁接刀，从顶芽处依次向下取芽（每次取一枝段接穗，每段 1～2 芽）。取接穗方法与切接取芽方法相似，先在枝条上所取接穗芽的侧面斜削一刀，以刚削到木质为好，并削完所取芽的整个枝段，然后在所取芽下方基部斜切一刀，将该枝段取下作为接穗芽（每段 1~2 芽）。

2. 削砧木

砧木的削法与切接相同，但其切削面长度与接穗段长削面的长度相当。

3. 接合

然后将接穗插入砧木切口内，接穗顶部与砧木断面高度一致。

4. 绑缚

用塑料薄膜包扎，并用小方块薄膜封住砧桩，待接芽萌发时，用小刀将薄膜挑开，露出萌芽即可。采用此法砧桩不易失水干枯，接芽萌发快而整齐，生长良好，不存在假活现象，成活率高，接口愈合良好。

四、切腹接

切腹接是在总结切接和腹接经验的基础上发展起来的一种新的嫁接方法。其嫁接方法与切接有相同之处，其不同之处在于其接穗顶部与砧木断面齐平，而不是接穗顶部高于砧木断面，因而砧桩不易失水干枯。与腹接相比，由于采取剪砧的方式，接芽养分供应较足，营养条件较好，很少出现砧与穗争夺养分的矛盾。故接芽萌发快且整齐，生长良好，不存在假活现象，接穗成活率高，接口愈合良好。该方法尤其适用于成年树高接换种，一般成活率在95%左右，高于切接和腹接。

1. 嫁接时期

2～4月份为嫁接适期。

2. 剪削接穗

确定品种后，要保证品种的纯正，要在良种母本园或采穗圃中采取接穗。具体选择发育健壮、丰产、稳产、优质、无检疫对象、无病虫害的成年植株作为采穗对象，以采剪充实的1年生枝条为好。取接穗嫁接时，左手倒持枝条，右手拿嫁接刀，从上向下依次取芽，每次取一枝段接穗，每段1～2芽。削接穗时，先在枝条上所取接穗芽的侧面斜削一刀，以刚削到木质部为好，并取完整个枝段。然后在所取芽下方基部斜切一刀，将该枝段取下作为接穗芽，确保每穗段有1～2个饱满的芽。

3. 剪砧和切砧

高接换种的中间砧树要选择管理到位、生长健壮、树势较好、树龄偏小的果树，选取生长直立、生长势强的枝作砧。嫁接育苗要选择2cm粗的幼苗作砧木。剪砧后留桩高5cm左右，嫁接育苗在离地面6～10cm处剪砧。剪砧后，削平断面，选择较平滑的一面，用切接刀在砧木一侧（略带木质部，在横断面上约为其直径的1/5～1/4处）垂直下切，深度（即切斜面长度）与接穗段长削面长度相当。

4. 插穗和包扎

将削好的接穗插入砧木切口内，使两者紧密贴合。若出现砧木大于穗，可对准砧木一边的形成层，并使接穗顶部与砧木断面高度一致，然后用塑料薄膜包扎，并用小方块薄膜封住砧桩断面，以防水分蒸发。待接芽萌发时，用小刀将萌芽处的薄膜挑开，露出萌芽即可。

五、插皮接（皮下接）

插皮接是将接穗插入皮部与木质部之间的一种嫁接方法。其操作要领如下所述。

1. 削接穗

将接穗削成类似于腹接的形状，即成一边削面较小、一边削面较大的楔形。

2. 砧木切削及接合

砧木接口的皮层一边撬开，将接穗大削面朝里（木质部），小削面朝外（韧皮部），插入砧木皮层内。

3. 绑缚

用塑料带绑扎，并涂接蜡保湿，或用塑料袋将芽以外的部分全部封闭起来。由于这种嫁接方法接穗削面平整，且砧木只有一边的皮层有剥离，所以，砧木切面容易愈合，树体恢复迅速，有利于成活，嫁接苗长势也旺。

六、插皮舌接

插皮舌接是在插皮接的基础上改进而来，适用于较粗的嫁接，其操作要领如下所述。

1. 切削接穗

接穗下端削成马耳形切面，切面长 2.5～3cm，从切面大约 1/3 处垂直切入木质部一刀，上端留 2～3 芽剪断。

2. 削砧木

砧木也从基部距地 3～5cm 处削一马耳形切面，大小、形状与接穗一样，从切面上端 1/3 处垂直向下切一刀。

3. 接合

将砧木和接穗两个切面相对，并互相含舌密接，使形成层对准。当砧穗粗度不相等时，只要求一边的形成层对齐即可。实践证明，春季嫁接时采用舌接法成活率可达 95％以上。

4. 绑缚

包扎好薄膜。

第三节　高　　接

高接换种技术是改良栽培品种的主要措施，很早就被国内外广泛应用。由于该技术能够保持果树的优良品质、提前结果等优点，达到高接后一年树体成活，二年成冠，第三年开始挂果，第四年达到丰产的目标。高接是果树嫁接技术的一个重要分支，其应用范围很广，尤其是为果树的品种改良提供了一条良好的途径，对调整果树不合理的品种结构、在果树抗性栽培和加速品种更新换代、改造低产劣质果树方面占有十分重要的地位。

目前我国果树品种发展中存在以下比较严重的问题：一是早熟品种奇缺，中、晚熟品种过多，良种不突出，品种结构极不合理；二是在前几年建园大发展阶段，品种存在以假充真、品系混杂、良莠不齐的现象；三是品种更新换代速度缓慢，虽然引进了许多新品种，但在生产中未形成规模。

为了解决上述问题，必须加速高接换种的进程。果树高接是针对地接（或低接）而言的，它是将接穗嫁接在砧木树干上端或各级枝条上的一种嫁接方法，一般嫁接部位较高，故名高接。

一、高接的意义

1. 调整树种、品种结构

逐步淘汰非生态适宜区的果园，对品种混杂、品种低劣的果园进行改接或更新；发展与市场对路的新品种，特别是要在生态最适宜区、生态适宜区发展果树；此外，可规模发展有一定深度的加工品种，努力促使我国果树树种、品种结构日趋合理。

2. 精选良种

要树立超前意识，高起点精选良种。各地应按照自己的实际情况筛选优良品种，尽早淘汰一批劣质品种。就柑橘而言，我国有很多优良地方特色品种值得发展，如浙江的黄岩本地早、江西的南丰蜜橘、福建漳州的椪柑等。

3. 更新品种

随着生产的发展和人民生活水平的提高，果树新品种不断问世，淘汰不适宜的品种、更新新品种是果树生产中面临的一个重要问题。对于已有多年结果的果园，挖树重栽不但浪费土地，影响产量的恢复，而且品种更新慢。而采用高接换种技术，一般 2～3 年即可恢复到原有树冠大小，且产量的恢复也较快。品种更新主要从以下几个方面着手。

（1）主栽品种过于集中，成熟期过于集中　以柑橘为例，过去几年我国宽皮柑橘类占有柑橘总面积的 60％以上，其中尾张温州蜜柑为主栽品种。一旦柑橘果实成熟时，采收期过于集中，不但造成劳动力紧张，而且果品市场压力过大，果品滞销。因此，通过高接换种技术，可以将部分滞销的主栽品种改接为其他优良品种，避免上述情况发生。

（2）鲜食与加工品种比例不协调 目前，我国水果的总产量的 90% 左右是鲜销，加工量仅为 10% 上下。与发达国家相比，加工量远远不足。这也就造成了水果滞销难卖的原因之一。为了实现果树的高效生产和增加农民收入，必须增加加工果树的种植面积，使得鲜销与加工果树面积比达到适宜比例。

4. 提高抗寒性

我国北方冬季寒冷，低温持续时间长，常常发生周期性或区域性冻害，致使一些优良品种的发展受到限制。若是利用当地抗寒力较强的果树种类作为高接砧木，则抗寒力能够大大提高。比如，用做苹果高接砧木的山定子、黄海棠则可抗零下 40～50℃ 的低温；用做梨砧木的秋子梨也可抗零下 35～40℃ 的低温。

5. 减轻腐烂病的发生

腐烂病是果树最主要的病害之一。发病的原因往往是由于树势衰弱或遭受冻害后，病菌侵染果树枝干而引起的，发病部位主要是主干和主枝。生产上也常常因为腐烂病大发生而造成树死园毁。若是采用抗寒力和抗腐烂病强的树种作为树体骨架进行高接换种，就能够大大增强树体的抗病性，减轻腐烂病的发生。

二、成活的条件

1. 砧木和接穗的组合

接穗和中间砧木的亲和力强弱直接影响高接换种成活率高低和成活后生产是否良好。一般来说，强势的基砧可以高接生产较为弱势的品种，而弱势的基砧则可高接生长较为强势的品种。中间砧与换接品种属于同一种类品种间的，高接亲和力较强。就柑橘而言，比较适宜的砧木和接穗的组合有以下几类。

（1）枳作基砧，温州蜜柑作中间砧　这种类型的高接适应性很广，除了少数的柚类、本地早不适宜外，一般的柑橘品种均可应用，都表现为亲和性，高接后其生长发育和结果良好。

（2）枸头橙作基砧，榠橘作中间砧，再高接本地早　这类高接表现亲和性，其生长发育和结果均表现良好，但是投产后 1～2 年内化渣性和含糖量不高，高接后 3 年才可以达到该品种的优良品质。

（3）甜橙类品种高接换成脐橙　这类均表现很好的亲和力，成长发育良好，结果正常。

2. 高接对象与条件

用于高接换种的树体要求健康、生长势良好的幼树和结果期的树。而树势严重衰弱、立地条件不好、树龄过大的果园需要进行以下调整才能高接：①降低树高，减少主枝数，加大骨干枝之间的距离，使得树上小下大，呈现草帽状；②锯掉中心干，打开树冠内膛，选留不同部位、分枝角度较大的大枝 3～4 个；③高接高度控制在 1.5m 以下，嫁接口直径小于 8cm。

3. 接穗的采集与贮藏

接穗的采集应该选择品种纯正、生长健壮、结果性能好的母本树，在树冠外围中、上部选取粗壮、接芽饱满的枝梢为接穗。春季用来嫁接的接穗要在春季枝条发芽前剪取，然后进行沙藏，或用塑料薄膜包裹严密，置于 4～13℃ 的低温下贮藏备用；夏季和秋季嫁接的接穗应该随采随用。结果期树体，尤其是砧木截面直径 4cm 以下的，无论春季、夏季和秋季接穗都易正常成活，尤其是早秋梢接穗最好。老龄、衰老树体宜用健壮的春梢和夏梢为接穗，特别是在枝条较为粗的中间砧上进行高接时，更宜选用春梢作为接穗，如果用晚秋梢接穗极易发生接芽萌发后又会枯萎的"假活"现象。

三、高接前准备

换种前，对换种树要加强肥水管理。地上部分适当修剪，把病枝、枯枝、阴枝、过密枝、交叉枝剪除；对于多年生的大树，应在春、秋季于离地面 1.2～1.5m 处锯断主侧枝（春锯秋嫁接，秋锯则在次春嫁接），留下部分小枝。锯口抽新梢后，每个锯口只留分布均匀的 2～3 条新梢，待新梢老熟后，其直径在 0.5～0.8cm 以上时，即可在新梢上嫁接。接前 15 天，应停止施肥，可减慢树液流动，有利嫁接。

四、高接时期

果树整个生长季节都可以进行高接换种，但主要的时期为春季和秋季。一般 5 年以上的成龄树宜春季高接，5 年生以下幼树宜秋季高接。

春季：2～4 月份树体已开始活动，但接穗还未萌发时进行。此时高接以枝接为主，用带木质部的芽接也可以。

秋季：8～9 月份树体和接穗均易离皮时进行，而且接穗的芽应充分发育成熟。以带木质部的芽接为主。秋季高接，秋季温度尚高时砧穗愈合成活快，翌年春天可提早萌发生长。

五、高接方式

1. 结合树形高接

在对原有品种进行高接换种时，严格按照树形结构要求（每亩栽培 50～60 株时培养成小冠疏层形，60～80 株为自由纺锤形）选择好高接部位和位点，仅对骨干枝进行嫁接，不必枝枝高接，多余枝一次性疏除。

2. 单芽腹接

适宜 5 年以下幼树应用。春、秋季节均可采用，但以秋季效果较好。最佳适宜期为 8 月下旬～9 月上中旬。在高接前应将侧枝拉呈水平，采用带木质嵌芽接法进行。一般 1 年生树接芽数 4～6 个，2～3 年生树 8～15 个，4～5 年生树 20～35 个。芽接位置应在距中心干 10～20cm 范围内的侧面光滑处进行。芽接枝直径在 0.7～2cm 为宜。

3. 多头枝接

嫁接部位距中心干一般 20～30cm，嫁接方法有皮下接和劈接。嫁接时期从萌芽后至花期均可进行。嫁接枝过粗时，可在一个枝段插入几个接穗。为了早结果，也可以进行长穗嫁接，使接穗长度由 5～7cm 增长到 40～60cm。

六、高接方法

从结果优良的母枝上，选择树冠外围粗壮、无病虫害的老熟枝或木栓化枝作接穗。方法有芽片贴接、单芽枝腹接和单芽切接法。未短截枝干的树，在离地面 1～1.5m 处的原枝条高接，采用芽片贴接或单芽枝腹接；已截枝干的新枝上，采用切接法，也可用芽片贴接法。嫁接时，最好使用特薄的薄膜作包扎。单层薄膜包接穗芽眼，成活后萌动芽可穿过薄膜生长，减少挑膜工序（图 3-16）。

图 3-16　高接（内膛腹接）

（一）腹接

1. 砧木的削切

在预备嫁接位置光滑处自上而下纵切一刀，要切穿皮层，削去少部分木质部，切口长 3～5cm。然后将切开皮层及木质部的上部削去 3/4～4/5。在切削过程中，手臂用力要稳而均匀，切口容易削得平整光滑，与接穗的结合更紧密。

2. 接穗的削取

接穗选用芽饱满的春梢或秋梢。将接穗倒拿在左手拇指与食指之间，背面宽的一面贴在食指尖上。用刀在芽下方约 1～2cm 处成 45°角斜削一刀，削掉芽子下面的一段。

然后翻转接穗，宽面向上，从上芽基部起平削一刀，削去皮层和小部分木质部。最后在芽的上面 0.5cm 处横削一刀，切断接穗。

3. 接合及其绑扎

将单芽或双芽接穗大削面朝着砧木木质部插入切口内，下端抵紧砧木切口底部，注意削面贴紧，至少使砧木与接穗的形成层有一边对齐。绑扎塑料条时，先在切口下方捆紧一道，然后从下向上连缠 3～4 圈，系活扣。注意绑扎时不可将接芽移位；绑扎要严实，不漏气，绑扎半小时后能见塑料条内壁有水雾凝结。

（二）切接

1. 切砧木

嫁接时将砧木的断口处用刀斜削光滑，使之露出新鲜部分，再沿木质部与韧皮部之间纵切一刀。砧木切口略短于接芽的平均削面约 0.3cm，以利砧穗密连。

2. 削接穗

将接穗倒拿在左手拇指和中指间，接穗的宽背面紧贴食指尖。右手拿刀在选用的芽下部约 1cm 处向前斜切一刀，成为约 45°角的削面。然后将接穗翻转向上，从芽点附近起向前削去皮层，成为一个长削面，长削面要求平、直、光滑而不起毛，深至形成层。最后对准盛有清水的盆子，在接芽上端 0.3cm 处横向削断。

3. 插接穗和包扎

将削好的接穗插入砧木的切口，对准接穗与砧木的形成层。然后用塑料薄膜露芽包扎，用接蜡封住小口，以免雨水漏入，影响成活。

（三）新插皮接

一改传统插皮接的砧穗二面接触为砧穗四面接触，增大了砧穗接触面，在很大程度上提高了嫁接成活率，同时又具有简单、易学、可嫁接时间长等优点，已逐步被果农接受，并广泛被应用于高接换种、树体改造、引种等果树生产中。该技术具体操作介绍如下。

1. 嫁接时间

从树体萌动直至夏末，砧木形成层活跃，韧皮部与木质部分离即可运用该方法。不同树种、品种因其萌动的时间不同，其具体的嫁接时间也不同。在北方地区梨树一般在4月底～6月末为宜。太早气温低，树液流动不畅，嫁接成活率低；太迟接穗萌芽抽生的枝条不能成熟，越冬易遭冻害。

2. 接穗的采集和贮藏

秋季树体落叶后或春季树液流动前（高寒地区通常秋季进行），从生长健壮的母树上剪取芽眼饱满、健壮、充分木质化的1年生枝条，100根一捆打捆。按品种用塑料布包严，内可放少许积雪或湿木屑。而后置于-4～4℃的窖内贮藏，并定期检查，防鼠害和干燥。

3. 嫁接方法

（1）削接穗 嫁接前将接穗用水浸泡 24～36 小时，使其吸足水分后进行嫁接。左手持接穗，右手握嫁接刀，采用"四刀"削接穗：第一刀削长削面，从最下一个芽下方 0.5cm 处下刀，长 3～5cm，削面要一刀即成，做到"快、平、准"；第二刀和第三刀即在长削面两侧的背面各斜削一刀，顺弯势削去与长削面交界的韧皮部见白即可；第四刀在接穗顶端长削面的背面削一刀，把顶端削尖即可。然后留 2～3 个芽剪去削好的接穗，放入盛水的容器中备用，剩余枝条接着削下一个接穗。

（2）砧木的处理 1 年以上生枝条均可进行嫁接，选择树皮光滑的适当部位剪截，削平锯口、剪口。高接换种的大树尽量少疏枝，多接头；嫁接前一个星期最好灌一次透水。

（3）拨皮插接穗 在砧木上端光滑的一侧纵切一刀，深达木质部，拨开砧木皮层。将接穗长削面对向砧木木质部插入皮内。插至接穗长削面上部露出 0.3cm 左右为止（即露白），以利愈合。插接穗的多少根据砧木粗度而定，一般砧木接口直径 1.5cm 以下插 1 个接穗，1.5～4cm 插 2 个，5cm 左右插 3 个，最多插接穗数量以相临两穗之间皮层不翘起为宜，枝多少插，枝少多插。方向多为砧木上侧或南方向。

（4）绑扎　插一个接穗的小砧木接后用2～3cm宽的氯乙烯塑料薄膜条绑扎，把接穗和砧木的切口全部包严扎紧，使之不漏水漏气。绑扎插2个以上接穗的大砧木需分两步进行：第一步，盖砧木口，采用"米"交叉方式用宽条氯乙烯塑料薄膜将砧木口盖严，长度超过砧木的纵裂口；第二步，用2～3cm宽氯乙烯塑料薄膜，从砧木切口以下往上绑扎至砧木口，再缠绕接穗基部，盖严接穗基部和砧木口。在绑扎过程中，氯乙烯塑料薄膜尽量保持展平状态，防止接穗加粗生长过程中"勒细脖"，风吹易折。

（5）封接穗顶　封住接穗顶端可有效地减少接穗的水分散失，特别在北方，春季干旱，封顶尤为重要。可在嫁接后，用铅油密封顶端。也可用塑料地膜包严顶端，只是在松绑时要把顶端的薄膜划破。

（6）嫁接后管理　嫁接后将距砧木上口25cm内的砧芽全部抹除，防止萌发竞争枝影响接穗抽生。砧木下部的砧芽萌发抽生的新枝条，基部保留3～4片叶连续摘心或剪梢。保留叶片有利于接口愈合和接穗生长。一般新梢停止生长后松绑，用刀片割断绑扎的塑料薄膜即可。在哈尔滨地区，因冬春季寒冷且风大，一般第二年春末松绑。

4. 新插皮接的优点

（1）嫁接成活率高　决定嫁接成活率的关键在于砧穗

形成层的接触面和伤口的大小，新插皮接法伤口小，将砧穗两面接触改为四面接触，因而大大提高了嫁接成活率，一般能达到 98％以上。

（2）对砧木粗度要求不严　从直径小于 1cm 的 1 年生枝到多年生枝均可嫁接。

（3）嫁接时间长　从春季树液萌动到秋初，只要砧木开皮均可进行嫁接。

七、高接数量

一般按树冠大小、枝条粗细分层嫁接。4～6 年生树分两层，嫁接约 20 个接穗；7～10 年生树分三层，嫁接约 30 个接穗。

八、留吊养枝和辅养枝

嫁接后枝芽的成活有一个营养供应逐步转换的过程，即枝、芽的成活先是由接穗本身的枝、芽供应营养，后转换成自身制造营养而成活。每树留 1～2 个吊养枝，保留树冠中下部细弱的枝条作为辅养枝。具体包括以下几项技术操作。

1. 分次锯桩

高接换种后，特别是上年秋季腹接的在春季锯桩时要分两次进行：第一次是在嫁接芽萌发前，在接芽上方15～

20cm 处锯断并涂白断面，促发萌芽；第二次是在接芽抽梢生长后的秋季或第二年春季，在嫁接口上部留 2～3cm 处锯断。这样既能防止一次性从接口处锯桩，造成锯口干裂、干枯，影响接芽成活并削弱其长势，又可以让接口上部供应部分营养。

2. 分批剪除营养枝

柑橘的高接换种，如果采取一次性剪除辅养枝和抹除整个生长期出现的萌芽，将会使树干出现严重的日灼病，并且接芽长势弱，同时高接品种的枝、芽还会出现"黄叶"和"花叶"等缺素现象。其方法是在接芽萌发、抽梢生长后，依据树冠恢复生长的情况在当年秋季剪除辅养枝的 1/3，第二年春季又剪除辅养枝的 1/3，第二年秋季剪除全部辅养枝。

九、高接后管理

高接当年，在抓好抹芽、新梢绑定、病虫害防治的同时，还要在夏末进行摘心、扭梢、拿枝、揉枝、环割等工作，秋季适当控制肥水，防止新梢成熟度差。第二年加强夏季修剪，环剥促花，并注意疏除密生枝。在高接换种时，由于砧木年龄较大、切口较大，嫁接口难以愈合；同时，夏季高温会加重接口的感染，秋季台风则易造成接穗脱离砧木等。因此加强高接后的管理工作显得相当重要

（以柑橘为例）。

1. 检查成活

高接后 10～15 天检查成活率。成活者接芽新鲜、芽眼饱满、接穗和砧木相互愈合，唯叶柄变黄、发霉，一触即落。未活者，接芽发黄、干枯或霉烂，应及时补接。

2. 破膜、解膜与扎膜

春季嫁接的，在接芽萌动长到 1cm 时，用刀片在芽眼旁轻轻划开薄膜，破口长 0.5～1cm，露出芽眼。在春梢老熟后用刀剔断砧穗接合露白处上面的一条膜带，待夏梢老熟后再解除薄膜。在解除薄膜后，用另外薄膜把嫁接口覆盖住，扎得松些，利于愈合。秋季腹接的，在次年春季接芽萌动时，用小刀将苞芽塑料膜挑破，春梢木质化后再解膜。

3. 树体管理

为使高接树尽早形成树冠，前 1～2 年不接或减少结果的数量。设置支架，以免风吹或结果使之折断。及时拉枝以形成合适的角度和树形，摘心以促进分枝。除萌，以防干扰高接新品种的新梢生长和结果后的品种混杂。具体有以下几个方面。

（1）除萌　当萌芽不超过 5cm 时，在砧树上每隔 5～10cm 有意留下一些萌梢进行摘心处理，使萌梢在离嫁接口 10cm 以上覆满树干。其优点是防止高接换种不成活时为夏季或下一年嫁接做准备和防止树干发生日灼病，同时利用萌梢制造部分光合产物供应给接穗，达到逐步"断奶"的目的。接芽萌发后抽生的各次梢，在嫩梢长 5cm 左右时要间密排匀，每个基枝保留 2～3 条新梢，当接芽抽梢生长达 20～30cm 时应进行摘心，促其进行分杈，尽量形成良好的树形。

（2）绑扎　设支柱绑缚，防止台风等刮落刮断，并扶正新梢生长方向。如不摘心，会造成树体松散，以后难高产。

（3）涂白和防日灼　柑橘高接换种后，枝干失去树冠遮蔽，会因日照而造成裂皮、干枯，应注意保护。可用生石灰 10 千克、食盐 0.2 千克、硫黄粉 0.3 千克、油脂少许（作用是避免雨水淋刷）、水 5 千克，拌成糊状溶液，制成涂白剂刷主干，但不能刷及嫁接口，可防止日灼和减轻树脂病等病菌侵入，也能减轻天牛的为害。

（4）修剪与造形　高接换种后的前两年树体以轻修剪为主，多留枝，多长放，适度疏枝，培养改良纺锤形树形。嫁接当年新梢长 30～40cm 时，将其拉成开张角约 80°，促发短枝。第二年夏季对背上直立枝和辅养枝进行扭梢、拉枝，对生长过旺枝进行适度短截，促进花芽形成，挂果后的枝组适度回缩，保持结果枝组的健壮。

4. 土壤管理

高接后多采用叶面喷肥的方法施肥，一周一次速效肥料。应薄肥分施，以免根系遭受伤害，以腐熟的有机肥为好。加强土肥和树体管理，增加高接树的贮藏营养水平，促进高接前的树体发根，保护叶片的光合效益。这样，高接后发枝快，根系恢复也快。高接后根系的恢复从表层开始，随着地上部树冠的恢复，根系也向下层恢复。因此，高接后两年内不要中耕，以免表层根系伤害。及时灌水，以免干旱伤及表层根系。有条件时可进行覆盖。

（1）施肥与灌溉　秋季腹接的柑橘，在翌年3月下旬剪砧前施足催芽肥，以后每摘一次心就及时追施一次催芽壮梢肥，待长出三级梢后多施农家有机肥，逐步实现配方施肥。当年春季切接的柑橘，春季不施肥，但嫁接前应灌透水。6月上旬施速效氮肥，8月中旬施有机肥并配以速效性氮、磷、钾肥。第二年秋季后控制氮肥的使用量，否则会明显降低品质。

（2）生草与覆盖　夏季采取生草法或种植藿香蓟，既可使土壤疏松，也可减少螨类的为害，增加土壤的含水量，特别是在高温干旱季节效果更好。由于对水分的要求较高，在干旱季节要灌水，涝季要注意排水。

5. 病虫害防治

特别注意蚜虫、螨类、潜叶蛾、凤蝶幼虫、天牛及疮痂病等为害。

6. 合理疏果

嫁接后第二年由于须根大量死亡，是恢复根系的关键性一年，一定要做好疏果和摘心及引缚工作，加速树冠形成。第三年开始初产，疏去中上部的果实，使果实着生在树冠中下部，以利于继续扩大树冠。

7. 采前控水与适时采收

由于高接树营养生长旺盛，初产的果实化渣性和糖度不高，达不到高接品种的品质要求。生产上在采摘前20～30天用反光塑料薄膜覆盖地面，降低土壤含水量，减少水分的吸收。除干旱较重外，一般不需要灌水。糖度达到11％以上、近完全着色或完全着色时采收。

十、高接换种注意事项

高接换种与嫁接大同小异，但是也有其独特之处，下面以柑橘为例谈谈高接换种时要注意的几个问题。

1. 良种无病毒接穗

近些年，从国外以及我国的台湾地区引进的某些优良品种，如天草、南香、不知火、春见、日南1号、山下红、台湾椪柑、纽荷尔脐橙、清家脐橙等，一般都带有一种或者多种病毒。若用未脱毒的品种接穗进行换种，不仅原果园内的感病植株得到了保存，而且高接换种用的接穗所带的病毒会扩散，导致果园每株都有可能带病毒。因此，不能采集高接换种树的接穗繁殖苗木。因为果园母株即中间砧的带病毒状况不清楚，有可能会进一步扩散。

2. 中间砧与接穗组合的适应性和亲和性

若是温州蜜柑类，适宜的品种范围比较广，几乎柑类（包括杂柑）、橘类、橙类都能适应，且高接后的生产性能和果实品质都不错，大部分柚类品种也能适应。若中间砧是橙类、橘类和柚类，则应加以考察后才能决定高接换种的品种，如橙类最好不要换接橘类，但橘类可以换接橙类，柚类仍换接柚类为好。

3. 基砧的种类

如果基砧是红橘或酸橘，高接带有裂皮病和碎叶病的品种接穗，对当代的丰产性、品质和高接树体的寿命不会有影响。如果基砧是枳或者是枳的杂种，如枳橙、枳柚等，不论中间砧是什么品种，高接带有裂皮病和碎叶病的品种接穗，高接后树体偶会早衰或者死亡。不论是什么样的基砧或中间砧，都不能将带有柑橘黄龙病和衰退病的品种接穗进行高接换种。

4. 市场远近需求

市场经济引导下的柑橘生产，高接换种是一种快速调节品种结构的重要手段。在某一地区，某一品种发展的面积较大而市场前景又不太乐观的情况下，一旦出现很有特色的品种，极易受市场的欢迎或某一消费者群体的需求，这时就可以进行高接换种。这样不仅仅能够很快地满足市场需求，又能够取得较好的经济效益。

5. 高接位置

在高接换种时候，高接的位置很有讲究。少数人为了追求其快速形成树冠，嫁接位置高到了小分枝上，一株树上高接几十个芽，这不仅仅使得高接换种的成本大大增加，而且很容易形成"空壳"型树冠。虽然投产早点，但是无法形成立体结果的树形，单产低，经济寿命短。另有少数人直接在主干上高接换种，简单快速，但是树冠形成很慢，要三年以后才能投产，和重新新建果园差不多。因此，应在主枝上或一级分枝上进行高接换种，每株幼树高接 3～5 个芽，以秋季腹接为主，春季进行补接，采用切接法，可以形成整齐的树冠，两年可以结果，第三年恢复产量。

第四节　桥　　接

桥接是果树的枝干发生腐烂病或受到牲畜、机械危害，或对枝干采取环割、环剥手术，伤口处出现问题后，经常采用的恢复树势的重要手段。

桥接是将枝条两端同时嫁接在树干上，搭一个桥，形成新的水分、养分运输通道，通常用来代替损伤的树皮，恢复树势。也可以利用树干上萌发的枝条或根蘖，只需将上端接上，成活更容易。

嫁接时间多在春季树液流动后进行。接穗在果树萌芽前采集，低温贮存，要保持嫁接时接穗未萌芽。桥接方法，一种是利用靠近主干，最好是刮治部位同侧的根蘖上端嫁接在刮后伤口的上端；另一种方法是用一根枝条两端接在刮治部位上下两端。桥接成活后，及时除去接穗上的萌芽。

在实践中，积累了一些妙用桥接的技法。

在已栽上果树的地方，为了使树体矮化，用桥接的方法，在树干上桥接几根矮砧枝条，待成活一段时间后，将桥接处原主干树皮剥去，只依靠矮砧枝条输送水分养分。这实际上是一种矮化中间砧的特殊利用类型，是桥接应用范围的扩大与延伸。

对一些生长正常的苹果树，利用地表以下萌蘖进行桥接。假如苹果幼树根颈受到不同程度的冻害，发芽后立即桥接，可以使幼树生长不受太大的影响。

第五节　二重嫁接

二重嫁接是在砧木上嫁接两次，形成由基砧、中间砧、品种组成的中间砧木苗，使接穗品种同时具有基砧和中间砧的优点。二重嫁接主要是随果树矮化密植栽培兴起而发展起来的一种嫁接技术，主要用于培育矮化中间砧果苗。此外，在一些较为寒冷的地区，生产上还有采用三重嫁接的，即一株嫁接树是由根砧、抗寒中间砧、矮化中间砧和接穗品种四个部分组成，但是其基本原理与二重嫁接相同，只是多一次嫁接。下面简单介绍一下二重嫁接的技术要点（图 3-17）。

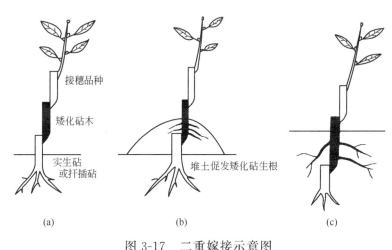

图 3-17　二重嫁接示意图

一、砧木用接穗准备

繁殖矮化中间砧果苗，首先要选择和培育适合当地风土条件的实生乔化砧木作为基砧，然后，再以矮化砧木种条为接穗，嫁接在基砧上培育中间砧木苗，再在中间砧木苗上嫁接栽培品种，培养成中间砧果苗。生产上常用二年出圃和三年出圃两种方法。

1. 二年出圃

第一年春季播种培育实生乔化砧砧木苗，秋季嫁接矮化砧木苗；第二年春季剪砧培育中间砧木苗，夏季嫁接栽培品种，秋季成苗出圃。目前我国南部地区一般均可采用二年出圃的育苗方法。在北部地区，若无霜期超过160天，在加强土肥水等一系列苗圃管理、严格掌握嫁接时期和采取相应技术措施的条件下，也能够做到二年出圃。

2. 三年出圃

第一年春季播种培育实生乔化砧砧木苗，秋季嫁接矮化砧木苗；第二年春季剪砧培育中间砧木苗，秋季嫁接栽培品种；第三年春季剪砧，秋后成苗出圃。有的由于生长季节和播种育苗方式上的不同也可以在培育实生乔化砧砧木苗的第二年秋季嫁接矮化砧木，第三年春季剪砧培育中间砧木苗，夏季适时嫁接栽培品种，加强管理，秋后成苗出圃。

二、嫁接方法（插皮接）

嫁接时期以3月5日～3月15日为宜。

1. 削接穗、基砧

在接穗下芽的背面1.2cm处向下削一个2～3cm长的马耳形斜面，在基砧离根颈12cm处向上削一个2～3cm长的马耳形斜面。

2. 中间砧开口

用快刀削平上、下口断面，在砧木树皮光滑的地方用楔形竹签插入砧木木质部和韧皮部之间，然后拔出竹签作为插接穗和基砧的地方。

3. 插接穗、基砧

把接穗、基砧插入插口，使削面在中间砧的韧皮部和木质部之间。中间砧上插3根接穗，下插3根基砧，各接穗、各基砧之间夹角均为120°，插时马耳形斜面向里紧贴。

第六节 靠　　接

靠接就是在嫁接时，砧木和接穗靠在一起相接。在大自然当中，连理枝以及两棵树生长在一起都是一种靠接的现象。靠接可在休眠期进行，也可在生长期进行。由于砧木和接穗都是在不离体的条件下嫁接，双方各自都有自己的根系，所以嫁接成活率高。靠接法虽然嫁接比较简单，但是要把砧木和接穗放在一起就相当的困难，因此常用于一些特殊情况，比如挽救垂危树木和盆栽果树等（图3-18）。

1. 砧木苗栽植

在嫁接果树四周种植几株亲和力较好的砧木苗，长至一定粗度就可。

2. 削砧木

把种植好的砧木苗切削成一个斜面，切削的高度应与

图 3-18　靠接树体生长状况

嫁接果树光滑部位一致，利用靠接。

3. 削接穗

在嫁接树体光滑部位切削一个与砧木斜面大小一致的切口。

4. 绑缚

把嫁接好的砧木和接穗紧紧绑缚一起。

第七节　机械嫁接

机械嫁接育苗在国际上是一项成熟的农业先进技术，它摆脱了自然条件的束缚和地域性限制，实现了种苗的工厂化生产、商品化供应，是设施农业育苗技术改革的目标和发展方向。机械嫁接育苗系统是在常规温室育苗过程中加入嫁接装置和嫁接苗愈合装置等关键设备，从而构成机械嫁接育苗系统（图 3-19）。

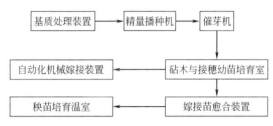

图 3-19　机械嫁接育苗系统构成

日本自 20 世纪 80 年代开始研制自动嫁接机，目前，日本国内已建成多处工厂化机械嫁接育苗中心，可以根据农民的需要进行嫁接苗生产。日本是机械嫁接育苗普及程

图 3-20　嫁接机械

度最高的国家。欧洲的种苗业也非常发达，但他们的育苗设备也大都从日本进口。在我国，目前自动嫁接机等相关设备还没有批量面世，大规模、高质量的育苗中心非常少，采用的自动嫁接机主要从日本进口。但随着我国设施园艺的大力发展，对嫁接苗的需求量逐年增加，传统的人工嫁接方式已不能满足设施农业生产发展的要求，迫切需要研制适合我国国情的机械化嫁接和育苗机具。

在果树上，最早用于机械嫁接的树种是葡萄，近年来也已经广泛应用于核桃、苹果、梨等树种。由于它自身的特点符合现代化、集约化育苗的要求，所以是未来很有发展前景的嫁接方法。如图 3-20 和图 3-21 中的嫁接机械多

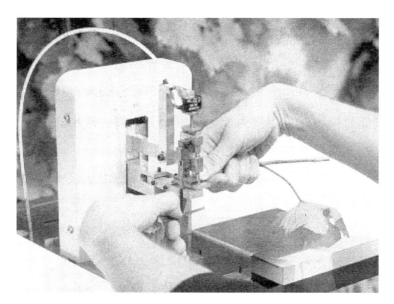

图 3-21　葡萄机械嫁接

用于葡萄、核桃等树种的嫁接。该机械能够将接穗和砧木切削成角度一致的削面，但是工作效率稍低。近年来，一些国家多采用电动式舌接机，其中以欧洲产的 Omega 系列嫁接机应用较为广泛。

第八节　室内嫁接

室内嫁接就是冬季利用温室或苗床加温设施所进行的室内嫁接，具有以下几个特点。

（1）充分利用农闲季节。

（2）适合于工厂化育苗。

（3）易于控制嫁接苗的愈合过程。

（4）接穗的利用率高。

（5）苗木生长期长以及育苗周期短等。

尤其是对葡萄、核桃等有伤流现象且室外嫁接成活率较低的树种，采用室内嫁接可以大大提高成活率。

下面以核桃为例解析其室内嫁接方法。

核桃同一般果树相比具有如下特点：①从核桃萃的解剖构造看，核桃萃的形成层细胞少（为 5~8 层，苹果为 7~10 层），韧皮纤维细胞团多；②核桃愈伤组织形成的速度、质量和存活率都低；③树体、枝、芽内单宁含量高；④核桃具有伤流的特点，而休眠期尤为突出；⑤核桃的枝条粗壮弯曲，髓心大，叶痕突起，取芽比较困难。因此，室外嫁接易受气候、砧木、接穗等因素的影响，成活率不稳定，而采用室内嫁接，一是在室内可创造更适宜的嫁接条件，使砧木和接穗容易亲和，二是冬季便于合理安排劳动力，提高嫁接效率。

1. 砧木准备

选用 1～2 年生实生苗作砧木，根颈粗度要求为 1～2cm。一般在上一年秋季落叶后或当年春季解冻后起苗，挖沟埋沙，假植在温室附近。嫁接前 15 天左右，将砧木移入温室内的苗床上，利用较高温度的温床促使砧木解除休眠。苗床内放置锯末，床温控制在 25～30℃，含水量控制在 55% 左右。

2. 接穗的准备

接穗选用发育充实、无病虫害的 1 年生枝条，粗度以 1～2cm 为宜。采集时间最好在 11～12 月份，采集后贮藏在冷库或地窖中，温度控制在 0～5℃。嫁接前 2～3 天移入温床内催醒。

3. 嫁接时期和方法

嫁接时间 1～3 月份均可，嫁接方法多采用舌接法，绑好后在 90℃ 左右的石蜡溶液中蜡封。随即将接苗放入储藏箱中，箱内用湿木屑填充。在 26～30℃ 的温度条件下，经 10～15 天愈伤组织形成，然后置于 0～2℃ 条件下保存 40 天左右。春季栽植前，先将储藏箱搬到露地，经过 10 天左右的适应即可定植。此法 12 月～翌年 2 月份都可嫁接。愈伤组织的形成以在 12 月份最好。

4. 愈合

将已经嫁接好的嫁接苗培植在苗床的湿木屑内，温度控制在 26～30℃，湿度保持在 45%～50%，10～18 天后，砧木和接穗即可愈合。此时应该将嫁接苗取出，保存在冷凉的室内或地窖内，用湿沙或湿木屑培起，等待栽植。

5. 移植

于 4 月上旬～5 月初，就可以将嫁接苗栽到苗圃。栽植的株行距可为 (60～80)cm×(25～35)cm。栽时先开 30～40cm 的深沟，将砧苗的根部蘸泥浆，按一定距离放入沟内，接口要与地面相平，然后培土、踏实，用松土覆盖堆成高 7～10cm 的小堆。栽后在行间开沟浇水，待水渗入后，覆土整平。接芽成苗期间，不要扒开土堆，以防干旱。及时除萌。

第四章
嫁接后的管理

果树嫁接不仅仅是一种方法，更为重要的是利用嫁接可以更新品种，繁殖苗木，提高抗性，加速生长等。因此，果树嫁接后的管理工作尤为重要。若是管理不善或者管理不及时，即使嫁接成活，最终还是达不到人们的需求。所以，对果树嫁接苗必须进行及时管理。下面就柑橘果树嫁接苗的管理作一简单概述。

第一节　检查成活及补接

对于大多数芽接果树来说，嫁接后 10～15 天左右检查成活率。检查的方法是用手轻轻搬动接芽上的叶柄，如果一触即掉说明该接芽已经成活，然后逐渐解除绑扎物。

成活的接穗表现为：新鲜，芽眼饱满，接穗与砧木已互相愈合，叶柄变黄，发霉甚至发黑。这是因为接活后具有生命力的芽片叶柄基部会产生离层（图 4-1）。

未活的接穗表现为：发黄、干枯或霉烂，不能产生离层，故叶柄不易碰掉。这时应及时进行补接（图 4-2）。

图 4-1　嫁接成活

图 4-2　嫁接失败

不管接活没有，接后 15 天左右及时解除绑缚物，以防绑缚物缢入砧木皮层内，使芽片受伤，影响成活。对未接活的，在砧木尚能离皮时，应立即补接。

一般枝接需在 20～30 天后才能看出成活与否。成活后应选方向位置较好、生长健壮的上部一枝延长生长，其余去掉。未成活的应从根蘖中选一壮枝保留，其余剪除，使其健壮生长，留作芽接或明春枝接用。

冬季寒冷、干旱地区，于结冻前培土应培至接芽以上，以防冻害。春季解冻后应及时扒开，以免影响接芽的苗发。

第二节　解　　绑

解除绑缚物的目的在于不妨碍砧木的加粗生长。若是不及时解除绑缚物，则会导致绑缚物随着嫁接苗的生长逐渐缢入砧木的皮层，使得芽片受伤，从而影响成活。春季切接的在芽萌发后将方块薄膜顶部挑开，使得芽继续抽发，待新梢长至 10cm 左右时解除薄膜。春季解薄膜时间宁可稍晚，切忌过早。夏季嫁接的可在接后 15～20 天，已经成活的则要露芽。新梢生长至 10cm 左右可解除薄膜。晚秋嫁接的在次年 3 月份露芽，待抽发后解除薄膜。未活者则要进行补接（图 4-3）。

图 4-3　砧木接穗嫁接后绑缚情况

第三节　折砧和剪砧

春初播种砧木、夏秋嫁接的果苗，接活后 10 天在接口上 5cm 处折贴。即把砧木茎秆折断三分之二，留下三分之一连着，使上部叶片继续制造养分供给接芽抽枝维持砧木生命，待接芽发出的枝条长到 30cm 高、能制造养分后，再行剪贴（图 4-4）。

秋季嫁接时在 2 月下旬剪砧，在接芽背面斜剪，留芽上 0.5cm 的砧木剪光。春季和夏季嫁接的要二次剪砧。第一次在离芽上面 3～4cm 处剪一切口，将砧木向旁下折一半，让韧皮部（皮层）与树体相连，促进芽的萌发，同

图 4-4　折砧

时带叶的折下枝可供接芽生长营养，长得更快些。第二次在接穗新梢木质化后齐接口处斜剪除砧木苗，剪口必须光滑。保留一个健壮的萌芽为主干，多余的和砧木上萌芽一律抹去。采用这一方法是因为嫁接的芽和枝还未完全成活，还不能完全制造光合产物，还必须依赖砧木供应营养。这一方法适合用在嫁接苗的管理上（图 4-5）。

春枝和夏枝梢积累养分少，一次剪砧，剪去制造养分的全部枝叶，使接芽得不到养料而枯死，或萌发后生长细弱。加以春季和夏季气候、温度、湿度会造成流胶、脱芽现象，影响接芽生长。有霜冻的地方，秋季后当年不能剪砧，以防接芽忙发生长，入冬遭冻害。

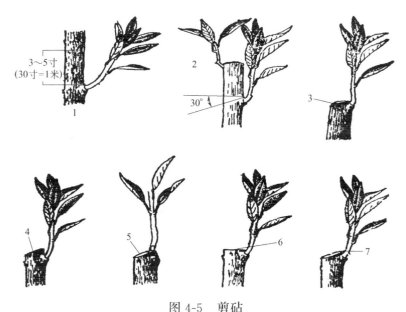

图 4-5　剪砧

1—第一次剪砧；2—第二次剪砧；3—馒头形；

4—过高；5—过低；6—过平；7—正确

　　剪砧时注意不能挤伤接穗和砧木周围皮层，切忌剪口过高过低。如不先露芽，而直接解薄膜时最好阴天或下午3点后进行，以免死株。

第四节　除　　萌

　　果树嫁接成活以及剪砧后，果树砧木会长出很多萌蘖。为了促使嫁接苗生长加快，而不致使砧木萌蘖消耗过多的营养，应该及时抹除砧木萌蘖。否则砧木芽消耗养料，接芽不能萌发或抽稍细弱，当年不能出圃。"抹芽过得硬，抵上一道粪"，一般在剪砧后，要见砧木芽就抹去。此外，砧木上抽生的萌蘖应每7～10天削除一次，忌用手扳。及时除萌利于接芽生长（图4-6）。

图4-6　萌蘖生长情况

就大树高接而言，为了防止树体内膛空虚，砧木也可以保留部分萌蘖，但是必须是在树体的中下部，切忌留在接穗的附近。对生长出来的砧木萌条，先去除顶端优势，及时摘心控梢，以便减少它对接穗生长的影响。内膛的萌蘖一般在冬季修剪时全部剪除，也可以用在秋季进行芽接，或者在第二年春季进行枝接，以便增加内膛的枝条。

第五节 扶 直

果树嫁接成活后，由于砧木根系不发达，接穗的新梢生长很快。这时嫁接口一般不牢固，很容易被风吹折。所以在风大的地区，嫁接时注意嫁接部位的选择，多采用接穗不容易被风吹折的部位。另外，高接时最好是多头嫁接，可以缓和生长势，减少风害。

为了防止风害，要立支柱，把新梢绑在立柱上。当新梢长至 15～20cm 时，应架支柱，防止主干垂头。可在苗圃两端打桩牵铁丝，将苗木主干捆在铁丝上扶直；也可插细竹竿扶正。如果当地春季风大，为防嫩梢折断，当新梢

图 4-7 扶直

长到 30cm 时，解除塑料条，可在砧木上绑一根支柱，以防风吹折（图 4-7）。

第六节　摘心、整形

苗木长至超过定干高度时应进行摘心，促进整形带的芽充实饱满。当嫁接苗长至 40～50cm 时应摘心、整形，摘心后促使在 30～40cm 处抽生分枝。摘心时间一般在 7 月上中旬，摘心高度因品种不同而有差异，摘心前应施足肥水促抽发枝。分枝抽生后除留 3～5 个方向分布均匀的外，其余剪除。作密植栽培用的苗木，摘心高度可略降低（图 4-8）。

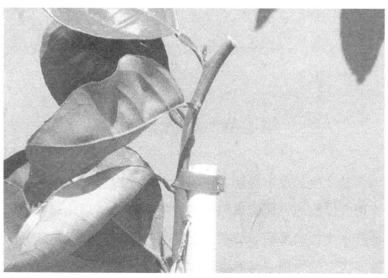

图 4-8　摘心

接口保护：切接的砧木应用石蜡将剪口密封，以防流胶。

修剪：果树修剪是果树管理中的一项重要工作，应定时进行修剪，去弱留强或截枝更新，增强果树生命力（图 4-9）。

图 4-9　整形

第七节　土肥水管理

整个生长期中应注意中耕除草，及时除去杂草。肥水管理应以勤施、薄施腐熟人畜粪肥为主，辅以化肥，以满足苗木生长需要的养分条件。施肥应掌握"薄肥勤施，少量多次"的原则，从春季萌芽前至 8 月底，每月应施肥一次，最后一次肥一般不超过 8 月底，以免冬梢抽生受冻。

一是重施基肥：基肥以农家肥为主，农家肥含多种元素，应在深秋季挖穴，环状、放射状重施。二是适时追肥：一般在果树开花期、坐果期、膨大期适时追肥，保花保果，还可在果园中种植绿肥或豆科作物，翻压补肥。三是叶面施肥：如发现果树缺肥缺素，应及时叶面喷施化肥或微量元素，使果树返青快、恢复快，一般可用0.3%～0.5%尿素或0.3%的磷酸二氢钾喷施。灌水：果树在抽梢、开花期间应及时浇水，每年3～4次。

第八节　病虫害防治

嫁接成活后，新梢萌发的新叶非常幼嫩。由于很多病虫害主要危害幼叶，因此，加强对病虫害的防治工作，就能够有效地保护新梢幼嫩枝叶的生长。下面以柑橘苗期病虫害为主作一简单介绍。

苗期应注意防治炭疽病、红蜘蛛、黄蜘蛛、潜叶蛾等苗木常见病虫害。应做好病虫危害期的预测，利用生物技术和化学药剂及时进行综合防治，在受害前消灭病虫，确保果树不受危害而正常生长。

一、柑橘炭疽病

1. 症状

炭疽病属真菌性病害，喜温暖多雨的环境，在春季时晴时雨相间的气候条件下最容易发病。柑橘炭疽病可危害新梢枝、叶等，常造成落叶、枯枝。炭疽病有慢性型和急性型两种。慢性型病斑多始自叶尖或叶缘，近圆形或不规则形，稍凹陷，由黄褐色转灰白，边缘深褐，分界明显。急性型易发生于连续阴雨天气，叶尖常出现淡青带暗褐色斑块，如沸水烫状，边缘不明显。病梢多自叶腋处出现淡褐色小斑，绕基扩展，枝梢呈黄褐色至灰白色枯死，如天气潮湿，嫩梢呈沸水烫状并急性凋萎（图4-10、图4-11）。

图4-10　柑橘炭疽病果实症状

2. 病原物及病害循环

盘长孢状刺盘孢（*Colletotrichum gleosporioides* Penz），

图 4-11　柑橘炭疽病叶片症状

半知菌亚门刺盘孢属。分生孢子盘有刚毛，深褐色，直或稍弯曲。分生孢子梗在盘内成栅状排列，圆柱形，无色单胞，顶端尖。分生孢子椭圆形至短圆筒形（图 4-12）。其病害循环见图 4-13。

3. 防治方法

（1）加强栽培管理，增强树体抗性。进行深翻压绿改土，培养强大吸收根群，增施磷、钾肥，避免偏施氮肥，合理排灌，做好防冻、防虫工作。

（2）冬季结合清园，剪除病枝、病叶、病果，清扫地面落叶、落果，集中烧毁，清园后喷 1 波美度石硫合剂

图 4-12　柑橘病害症状及病原物

1—被害枝叶；2—被害果实；3—病原菌

一次。

（3）药剂防治。炭疽病以预防为主，在各次梢期的嫩叶期喷药，保护幼果应于谢花后至谢花后一个月内，每隔 10～15 天喷药一次，连续 2～3 次，果实膨大期为 7～8 月再喷一次。果实受害严重的柑橘园，9～10 月份雨水多或久旱遇雨时，应及时喷药保护。药剂可选用"欧力喜"或"富村"或 50％代森锰锌可湿性粉剂 500～800 倍液。

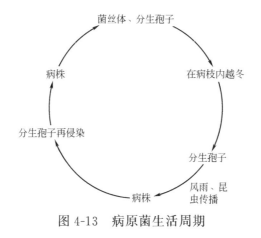

图 4-13　病原菌生活周期

二、柑橘红蜘蛛、黄蜘蛛

1. 为害特点

柑橘红蜘蛛与黄蜘蛛均属蛛形纲，蜱螨目，叶螨科。但是红蜘蛛发生比较普遍，在柑橘上是一种常见害虫，可危害嫩叶、嫩梢、花蕾及幼果等，以春梢嫩叶受害最重。红蜘蛛和黄蜘蛛吸食叶片后，叶片呈花点失绿，没有光泽，呈灰白色，猖獗年份造成大量落叶、落花、落果及枯枝，影响树势和产量。

2. 形态特征

成螨雌体长 0.4mm，椭圆形，背面隆起，深红色，背毛白色着生毛瘤上。雄体略小鲜红色，后端较狭呈楔形。卵球形略扁，直径 0.13mm，红色有光泽，上有 1 条垂直柄，柄端有 10～12 条细丝向四周散射，附着于叶上。

幼螨体长 0.2mm，色淡，足 3 对。若螨与成螨相似，足 4 对，体较小。南方年生 15～18 代，世代重叠。以卵、成螨及若螨于枝条和叶背越冬。早春开始活动为害，渐扩展到新梢为害，4～5 月份达高峰，5 月份以后虫口密度开始下降，7～8 月份高温螨数量很少，9～10 月份虫口又复上升，为害严重。一年中，春、秋两季发生严重。气温 25℃、相对湿度 85％时，完成一代约需 16 天；气温 30℃、相对湿度 85％时，完成一代需 13～14 天；冬季气温 12℃左右，完成一代需 63～71 天。发育和繁殖的适宜温度范围是 20～30℃，最适温度 25℃。行两性生殖，也可行孤雌生殖，每雌可产卵 30～60 粒，春季世代卵量最多。卵主要产于叶背主脉两侧、叶面、果实及嫩枝上。天敌有捕食螨、蓟马、草蛉、隐翅虫、花蝽、蜘蛛、寄生菌等（图 4-14）。

3. 防治方法

（1）加强水肥管理，种植覆盖植物如藿香蓟等，改变小气候和生物组成，使不利害螨而有利益螨。

（2）保护利用天敌。红蜘蛛和黄蜘蛛的天敌很多，如六点蓟马、捕食螨等捕食性昆虫，还有芽枝霉菌等致病真菌等。在果园内，选择白花臭草、牧草和其他非恶性杂草作生物覆盖果园，可调节果园小气候和提供充足的害虫天敌食料，有利于天敌的活动。

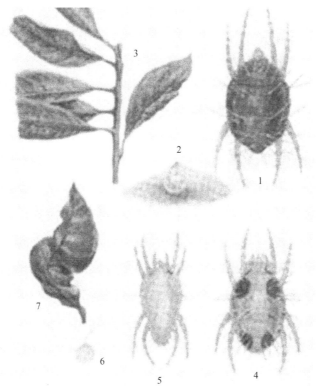

图 4-14　柑橘红黄蜘蛛及植株被害状

1—红蜘蛛成虫；2—红蜘蛛卵；3—被害枝叶；

4—黄蜘蛛雌成虫；5—黄蜘蛛雄成虫；

6—黄蜘蛛卵；7—被害叶片

（3）为害期药剂防治。24％螨危 5000 倍液，或 20％扫螨净 2000～3000 倍，或 73％克螨特 2000～3000 倍液等喷雾防治。施药时要做到均匀喷药，做到叶背、叶面、内膛、枝干一齐喷杀。此外，还可选用 10％天王星乳油 6000 倍液、73％克螨特乳油 2000 倍液、30％蛾螨灵可湿性粉剂 2000 倍液、15％扫蜗净乳油 3000～4000 倍液。柑橘上冬季喷洒 1～2 波美度石硫合剂或 45％晶体石硫合剂 20 倍液。

三、柑橘潜叶蛾

柑橘潜叶蛾是柑橘苗木繁育中的一种重要害虫之一，它以幼虫为害柑橘苗木的新梢嫩叶、嫩枝，潜入表皮下蛀食，它所食的路径似弯曲不规则的隧道，故又名绘图虫等。该虫若防治不力，则影响苗木的生长势和质量，甚至不能按正常时间出圃。因此，加强对柑橘潜叶蛾的防治是柑橘嫁接苗繁育的重要技术之一（图 4-15）。

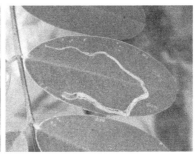

图 4-15　柑橘潜叶蛾侵染后症状

1. 人工控梢

在面积不大或者人工富足的情况下可以采取这种方法，即去早留齐，去零留整，使抽梢一致。时间大概在 5 月底～6 月上旬进行，然后在整齐发芽后喷药保护。当然，这也要根据具体地区、具体天气和具体品种而定。

2. 注意观察，提前预防

潜叶蛾一旦进入了叶片，则难以用化学农药将其杀死。所以应该采取的是预防，柑橘潜叶蛾一般为害夏梢、秋梢、晚秋梢，一般在 6 月份开始发生，所以在 6 月 15 日左右，夏梢抽发整齐时喷药一次，以后每隔 5 天再喷一次，连续 3～4 次。从夏梢开始，多数幼芽在 1cm 时开始喷药，三次梢要同样方法加以预防。同时，对未嫁接砧木，尤其是枳橙也应该全面喷药加以预防，否则，会严重影响砧木苗的生长势，使嫁接时间推后，最终导致苗木不能按正常时间出圃。

3. 注意天气，抓紧时间

由于 6～9 月份萌发的新梢较多，如遇多雨水年份会给喷药防治带来困难，因此要抢时间喷药，采取挑治。先喷嫩梢多的，再喷嫩梢较少的，建议最好用机动喷雾器在较短时间内喷完。喷后 2～3 小时不下雨就能起到较好的防治效果。

4. 药剂选择

防治柑橘苗木潜叶蛾所选用的农药有 2％阿维菌素乳油和 10％吡虫啉可湿性粉剂，使用机动喷雾器，应适当加大农药的浓度。气温较高，在 30℃以上时用阿维菌素 3000 倍液，30℃以下则用阿维菌素 2500 倍液。一般都能起到很好的防治效果，但对于杂柑天草则产生了较为严重的药害，其药害状为嫩叶叶尖坏死，黑褐色，叶片大量扭曲，甚至梢尖坏死。天草用吡虫啉防治，则没有出现药害。因此对天草防治只选用吡虫啉，而对园内的其他品种则采取阿维菌素和吡虫啉交替使用。另外，也可使用3%的啶虫脒1000倍、20%甲铱菊酯2000倍、5%卡死克2000倍、5%农梦特1000倍等，7～10天一次，连续1～2次。

5. 其他途径

采用摘心、保护天敌、加强肥水管理等都能对防治潜叶蛾起到较好的效果。柑橘潜叶蛾的天敌资源丰富，近年来，许多橘园已大量采用天敌来防治潜叶蛾，取得了很好的效果。保护和利用天敌，一方面要搞好虫情的预测预报，尽可能减少喷药次数；另一方面要合理使用低毒低残留的农药，如杀虫双和菊酯类药剂等。同时，由于寄生蜂等天敌多在上午羽化活动，所以喷药时间最好选择在下午或傍晚。潜叶蛾的天敌主要有亚非草蛉、白星姬小蜂和一种捕食性蚂蚁等。

第九节 越冬防寒

凡是嫁接苗生长不充实和抗寒力弱的果苗，都应该在土壤结冻前刨起贮藏或就地培土防寒。冬季多风或过冷的地区更应该注意。在冬季幼树果树易发生抽条的地方，还应该采取上冻前灌足水、地膜覆盖、培土等措施加以保护。埋土保护的果苗，春季解冻后应该及时扒开，以免影响接芽的萌发。

参 考 文 献

[1] 卜光田，徐茂柱，刘明印等. 春季果树高接换种技术. 果农之友，2008，（3）：13.

[2] 陈淮安. 果树嫁接新技术——单芽贴皮接. 北方园艺，2005，（3）：30.

[3] 陈香宝，刘萃颖，张守维等. 果树夏季嫁接技术. 中国园艺文摘，2009，（6）：116-117.

[4] 蔡以欣. 植物嫁接的理论与实践. 上海：上海科学技术出版社，1959：18-33.

[5] 丁平海，都荣庭. 核桃枝接愈合过程的解剖学观察. 林业科学，1991，27（4）：457-460.

[6] 高超跃. 柑橘高接换种的问题及对策. 浙江柑橘，2002，（3）：16-17.

[7] 范盛尧. 接穗郁李影响杏砧变异的实验. 遗传，1999，21（4）：43-44.

[8] 高新一. 果树嫁接新技术. 北京：金盾出版社，2003.

[9] 黄坚钦，章滨森，陆建伟，等. 山核桃嫁接愈合过程的解剖学观察. 浙江林学院学报，2001，18（2）：111-114.

[10] 胡志强. 提高含单宁果树嫁接成活率的方法. 中国南方果树，1997，26（6）：50.

[11] 李继华. 嫁接的原理与应用. 上海：上海科学技术出版社，1990.

[12] 李明贤. 果树嫁接技术综述. 中国林副特产，1994，（4）：38-39.

[13] 刘德兵. 南方果树育苗及高接换种技术. 北京：中国农业出版社，2006.

[14] 李华容，李文模，邓香兰. 柑橘嫁接嵌合体——澄州红脐橙. 福建果树，2004，（2）：34.

[15] 刘用生，宋建伟，姚连芳. 嫁接技术在植物改良中的应用. 生物学通报，1998，33（2）：5-8.

[16] 刘用生，李友勇. 嫁接引起果树有性后代产生异常变异原因初探. 河南职技师院学报，1997，25（2）：41-43.

[17] 刘用生. 果树嫁接杂交及其应用. 果树科学，1999，16：20-26.

[18] 刘用生. 中国古今植物远缘嫁接的理论和实践意义. 自然科学史研究，2001，20（4）：352-361.

[19] 卢善发. 器官、组织、细胞水平的嫁接. 植物杂志，1994，（6）：23.

[20] 罗正荣，胡春根，蔡礼鸿. 嫁接及其在植物繁殖和改良中的作用. 植物生理学通讯，1996，32（1）：59-63.

[21] 克拉耶沃依. 植物育种中利用嫁接的可能性. //杜比宁. 植物育种的遗传学原理. 赵世绪等译. 北京：科学出版社，1974：259-320.

[22] 马宝焜，徐继忠，孙建设，史宝胜. 果树嫁接16法彩图详解. 北京：中国农业出版社，2003.

[23] 孟昭璜，芦翠乔. 绿豆与甘薯嫁接的研究. 华北农学报，1989，4（4）：34-38.

[24] 任爱华. 果树高接换种新插皮接法. 北方园艺，2006，（6）：82.

[25] 师伟香. 果树嫁接技术. 现代农业科技，2007，（14）：33.

[26] 孙涛. 不良环境条件下果树嫁接的好方法——皮下枝接. 北京农业，2004，

(5): 24-25.

[27] 陶金刚. "富有"(Fuyu)甜柿砧穗组合嫁接亲和力及生态适宜性研究 [硕士论文]. 雅安：四川农业大学，2004.

[28] 田德洪，张明安. 提高枳砧秋季嫁接成活的措施. 中国南方果树，2004，(4): 4.

[29] 王淑英，石学辉，谷继成. 葡萄嫁接愈合过程. 葡萄栽培与酿酒，1988，(4): 12-14.

[30] 王田利. 春栽果树的最佳时期和方法. 果农之友，2009，(3): 42-43.

[31] 王幼群，杨雄. 植物嫁接体发育及其亲和机制的研究进展//李承森. 植物科学进展：第1卷. 北京：高等教育出版社，1998：180-186.

[32] 汪秋更，石建伟，汪跃锋等. 果树嵌芽接技术研究报告. 烟台果树，2003，(3): 17-18.

[33] 徐仙华. 柑橘高接换种技术综述. 浙江柑橘，2009，26 (1): 17-20.

[34] 杨世杰. 高等植物嫁接过程的组织学和细胞学研究. 植物学通报，1985，3 (3): 1-7.

[35] 杨世杰，卢善发. 植物嫁接基础理论研究. 生物学通报，1995，30 (9): 10-12.

[36] 郑国清. 果树嫁接封蜡的配制方法. 中国果树，1999，(3): 23.

[37] 朱启远，彭建勇，郭炳霞. 果树嫁接技术. 现代农业科技，2008，(18): 41，43.

[38] 朱树华，王传印. 影响北方落叶果树嫁接成活的气象条件. 山西果树，2008，(3): 36-37.

[39] Hirata Y, Yagishita N. Graft-induced changes in soybean storage proteins. I. Appearance of the changes. Euphytica, 1986, 35: 395-401.

[40] Kollmann R, Glockmann C. Studies on graft union：I Plasmodesmata between cells of plants belonging to different unrelated taxa. Protoplasma, 1985, 124: 225-235.

[41] Kollmann R, Yang S, Glockmann C. Studies on graft union：II Continuous and half plasmodesmata in different regions of the graft interface. Protoplasma, 1985, 126: 19-29.

[42] Moore R. A model for graft compatibility-incompatibility in higher plants. Amer. J. Bot, 1984, 71: 752-758.

[43] Ohta Y, Chuong P V. Hereditary changes in Capsicum annuum L. I. Induced by ordinary grafting. Euphytica, 1975, 24: 355-368.

[44] Ohta Y, Chuong P V. Hereditary changes in Capsicum annuum L. II. Induced by virus-inoculated grafting. Euphytica, 1975, 24: 605-611.

[45] Ohta Y. Graft-transformation, the mechanism for graft-induced genetic changes in higher plants. Euphytica, 1991, 55 (1): 91-99.

[46] Pandey K K. Genetic transformation and graft hybridization in flowering plants. Theor. Appl. Genet. , 1976, 47: 299-302.

[47]   Taller J, Hirata Y, Yagishita N, et al. Graft-induced genetic changes and the inheritance of several characteristics in peper (Capsicum annuum L.). Theor. Appl. Genet. , 1998, 97: 705-713.

[48]   Yagishita N, Hirata Y. Graft-induced changes in fruit shape in Capsicum annuum L. I. Genetic analysis by crossing. Euphytica, 1987, 36: 809-814.

[49]   Yagishita N, Hirata Y, Mizukami H, et al. Genetic nature of low capsaicin content in the variant strains induced by grafting. Euphytica, 1990, 46: 249-252.

[50]   Yeomann M M. Cellular recognition in grafting//Linskens H F, Heslop-Harrison J, eds. Enyclopedia of plant physiology, New Ser. 17: 453-472, Springer, Berlin, Heidelberg. New York, Tokyo, 1984.

无公害果品高效生产技术（南方本）
张海岚　主编

本书针对当前我国南方水果生产的热点、难点问题，着重从无公害果品生产概述、无公害果园的选择与认证、无公害果品生产栽培技术、无公害果品生产的病虫害综合防治和无公害果品的物流与市场营销等方面，介绍了近年来南方水果丰产、优质、无公害栽培的科研成果和生产实践经验以及国家对无公害水果所制定的各项标准。本书选编了15种主要的南方果树树种无公害生产栽培技术，在品种选择，果园的建立、土、肥、水管理，整形修剪，花果管理和采收等方面进行了详细叙述。

本书内容通俗易懂，实用性强、可操作性强、可读性强，主要供南方水果适栽区果农、相关科技人员和农业院校师生参考。

无公害果品高效生产技术（北方本）
张传来　等编

全书系统介绍了无公害果品生产的概况、无公害果园的选择与认证、无公害果品生产栽培技术、病虫害防治、市场营销等内容。全书语言简练、通俗易懂，非常适合基层果树生产技术人员、果农、果品营销人员等阅读，同时可供果树园艺等专业师生参考。

如需以上图书的内容简介、详细目录以及更多的科技图书信息，请登录 www.cip.com.cn。
邮购地址：（100011）北京市东城区青年湖南街13号　化学工业出版社
服务电话：010-64518888，64518800（销售中心）
如要出版新著，请与编辑联系。联系方法：010-64519352　sgl@cip.com.cn（邵桂林）